改訂版

地学基礎

早わかり 一問一答

代々木ゼミナール講師
蜷川 雅晴

JN048581

*この本は、小社より2015年に刊行された『地学基礎早わかり一問一答』の改訂版であり、最新の学習指導要領に対応させるための加筆・修正をいたしました。
*この本には、「赤色チェックシート」がついています。

大学合格新書

「大学合格新書」はこんなシリーズです！

◎ハンディタイプ

ポケットに入る大きさなので，持ち運びに便利です。自宅学習のほか，通学途中や学校・図書館など，**時と場面を選ばずに使えます**。

◎スムーズな学習ができる

各テーマが**見開き2ページ完結**なので，短時間で要点をつかむことができます。一部，発展的な内容も含まれていますが，思いのほかサクサク進められます。

◎効率的に覚えられる

ページ全体を赤色チェックシートで覆うことにより，**覚えるべき事項をまとめて隠す**ことができます。シートを移動させる手間が少ないので，ストレスなく記憶できます。

◎日常学習から入試対策まで

学力の基盤となる用語や法則などが，全般的に収録されています。そのため，共通テストなどの大学入試対策のほか，定期テスト対策としても使えます。

◎多様な使い方ができる

単元ごとにテーマ立てされているので，授業の予習や復習に最適です。また，重要事項がコンパクトにまとまっているので，**試験直前の最終確認に威力を発揮**します。

◎最前線の情報

大手予備校講師が，最新の学習課程と入試傾向に基づいて執筆しました。著者の指導ノウハウが凝縮されているので，**抜群の学習効果**が期待できます。

この本の特長と使い方

本書は，「地学基礎」の重要事項を，"一問一答"のスタイルによって理解・記憶・定着させていく問題集です。本書の構成の基本単位は「テーマ」であり，計62「テーマ」によって「地学基礎」の全範囲をカバーしています。

また，1つの「テーマ」はすべて**見開きのレイアウト**となっています。

見開きの左ページには，設問が掲載されています。

◆設問の冒頭には **A** ～ **C** の3段階のレベルが表示されています。

　　A：すべての学習者にとって必須の内容。**教科書の太字レベル**，および，**学校の定期テストに出題されるレベル**。

　　B：共通テスト受験者にとって必須の内容。**共通テストにおいて8割の得点が可能なレベル**，および，**入試基礎～標準レベル**。

　　C：共通テストで9割以上の得点が可能なレベル。および，難関の国公立大・私立大受験者が到達しておくべきレベル。

◆設問は，原則として，1つの問いに対して答えが1通りに決まる，文字どおりの"一問一答"式です。やさしい設問が中心ですが，いずれも**エッセンスをたっぷり含んだ良問ぞろい**です。

見開きの右ページには，「解答」と「解説」が掲載されています。

◆左段に「**解答**」が掲載されています。

◆右段に「**解説**」が掲載されています。ここには，「地学基礎」で学習する用語を覚える上で関連する**キーワード**や**重要なポイント**が示されています。

は じ め に

　この本は，『地学基礎』の基本事項を，一問一答形式で確認できる問題集です。『地学基礎』の学習では，**地学用語の意味を正しく覚えておく必要があります**。

　地学用語は定期テストで問われるだけでなく，その用語を用いて，教科書の内容が説明されたり，問題文が書かれたりしています。すなわち，地学用語の意味がわからなければ，教科書の内容を理解できないだけでなく，問題文も読めなくなり，問われていることもわからなくなります。この本は，日常学習だけでなく，共通テストなどの受験勉強にも活用できるように，**共通テストの頻出事項も記載しています**。

　高校の3年間はとても忙しいので，みなさんが『地学基礎』の学習に使える時間は有限です。電車やバスの中でも学習することができれば，時間を有意義に活用できます。この本は，ページをくり返しめくることなく，片手に持って学習できるように編集していますので，さまざまな場所で活用できると思います。

　地学は地球の中から宇宙の果てまでを扱う幅広い学問ですが，身近な自然現象がたくさん含まれていますので，理解するととてもおもしろいと思います。この本を手にしたみなさんが地学を楽しく学習でき，定期テストや共通テストでも良い結果が得られることを願っています。

◎ 『地学基礎』はこうして攻略しよう！

この本では、『地学基礎』の内容を6つの章に分けています。

第1章：地球の構造
第2章：地球の活動
第3章：大気と海洋
第4章：宇宙と太陽系の誕生
第5章：地球の歴史
第6章：自然災害と地球環境

高等学校で使用する教科書によっては、学習する順番が異なることがありますが、本書ではどの分野からでも始められるように編集しました。必ずしも第1章から順番に進める必要はありません。学校の授業内容に合わせて取り組んでください。

また、各設問には、**A**〜**C**の3段階で難易度が設定されています。学習の目的や目標によっては、すべてを攻略する必要はありません。たとえば、短期間に共通テストの対策をしたいという読者は、**A**と**B**を中心に学習するという使い方もできます。得意な分野から始め、学習のペースを掴んでから、苦手分野をくり返すのもよいでしょう。読者のみなさんが、この本を活用して地学基礎を得意科目にできるように期待しています。

◎ 謝　辞

この本を出版するにあたり、㈱KADOKAWAの山崎英知さんには企画や編集などでたいへんお世話になりました。この場を借りて厚くお礼を申し上げます。

蜷川　雅晴

も く じ

第5章　地球の歴史

第6章　自然災害と地球環境

■地学で用いられる定数

（令和 3 年理科年表参照）

万有引力定数		6.67428×10^{-11} m^3/(kg·s^2)
真空中の光の速さ		299,792,458 m/s
太陽	赤道半径	696,000 km
	質量	1.9884×10^{30} kg
	平均密度	1.41 g/cm^3
	表面重力	274 m/s^2
	太陽定数	1.37 kW/m^2
地球	赤道半径	6378 km
	質量	5.972×10^{24} kg
	平均密度	5.514 g/cm^3
	標準重力加速度	9.80665 m/s^2
	自転周期	23 時間 56 分 4.1 秒
	恒星年	365 日 6 時間 9 分 9.5 秒
	太陽年	365 日 5 時間 48 分 45.2 秒
月	赤道半径	1737 km
	質量	7.345×10^{22} kg
	平均密度	3.34 g/cm^3
	表面重力	1.667 m/s^2 (0.17 G)
	平均公転半径	384,400 km
	公転周期	27 日 7 時間 43 分 14.88 秒
1天文単位		1.50×10^8 km
1光年		9.46×10^{12} km
1パーセク		3.09×10^{13} km ≒ 3.26 光年

地球の形と大きさ

A☐ ❶ 地球が太陽と月の間に入り，地球の影が月に映る現象を何というか。

A☐ ❷ 紀元前330年頃，月に映る地球の影の形などから，地球が球形であると考えたギリシャ人は誰か。

B☐ ❸ 北半球において，北極星の高度(北極星の方向と水平線のなす角度)は北に行くほどどのように変化するか。

A☐ ❹ 紀元前230年頃，地球を球形と考えて，地球の周囲の長さを求めたギリシャ人は誰か。

B☐ ❺ 南北に900km離れたエジプトのアレキサンドリアとシエネで，夏至の日に太陽の南中高度を観測すると，アレキサンドリアでは82.8°，シエネでは90°であった。図1-1はこの観測結果を示したものである。地球を球形と考えると，この観測から求められる地球の周囲の長さは何kmか。

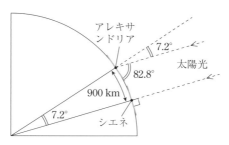

図1-1　エラトステネスの測定

A☐ ❻ 実際の地球の周囲の長さは何kmか。

A☐ ❼ 地球の平均半径は何kmか。

解 答

解 説

❶ 月食

❷ アリストテレス

❸ 高くなる

❹ エラトステネス

❺ 45000 km

● 紀元前 330 年頃，ギリシャ人の
アリストテレスは，月食のときに
月に映る地球の影の形や，南北に
移動すると同じ星の高度が変化す
ることなどから，地球が球形であ
ると考えた。

● 紀元前 230 年頃，ギリシャ人の
エラトステネスは，エジプトのア
レキサンドリアとシエネでの太陽
の南中高度と 2 都市間の距離を
観測して，地球の周囲の長さを測
定した。

● 地球を球形と考えると，太陽の南
中高度の差は 2 地点の緯度の差
になるので，地球の周囲の長さを
L km とすると，

$$7.2 : 900 = 360 : L$$
$$L = \frac{900 \times 360}{7.2} = 45000 \text{ km}$$

● 現在知られている地球の周囲の長
さは 40000 km であり，半径 r の
円周の長さは $2\pi r$ であるから，
地球の半径を R とすると，

❻ 40000 km

❼ 6370 km

$$2\pi R = 40000$$
$$R = \frac{40000}{2 \times 3.14} = 6370 \text{ km}$$

B☑❶ 地球が自転することによって，自転軸に対して外向きにはたらく力は何か。

B☑❷ 楕円を軸のまわりに回転させてできる回転体を何というか。

A☑❸ 地球の形は完全な球形ではない。地球の形は赤道方向と極方向のどちらに膨らんでいるか。

A☑❹ 地球の赤道半径は約何 km か。

A☑❺ 地球の極半径は約何 km か。

A☑❻ 地球の形と大きさに最も近い回転楕円体を何というか。

B☑❼ 北極と南極を通り，赤道と直角に交わる南北方向の線を何というか。

A☑❽ 地球の緯度差 1°あたりの子午線の長さは，高緯度ほどどのようになるか。

A☑❾ 回転楕円体のつぶれの度合いを表す数値を何というか。

A☑❿ 赤道半径を a，極半径 b をとると，地球楕円体の偏平率はどのような式で表されるか。

A☑⓫ 地球楕円体の偏平率を答えよ。

B☑⓬ 完全な球形である天体の偏平率を答えよ。

B☑⓭ 地球の表面における陸地と海洋の面積比を最も簡単な整数比で答えよ。

B☑⓮ 陸地の平均の高さは約何 m か。

B☑⓯ 海の平均の深さは約何 m か。

B☑⓰ 陸地の最高峰と海洋の最深部の高度差は，約何 km あるか。

解　答

❶ 遠心力

❷ 回転楕円体

❸ 赤道方向

❹ 約 6378 km
❺ 約 6357 km
❻ 地球楕円体

❼ 子午線（経線）

❽ 長くなる

❾ 偏平率

❿ $\dfrac{a-b}{a}$

⓫ 約 $\dfrac{1}{298}$

⓬ 0
⓭ 3 : 7

⓮ 約 840 m
⓯ 約 3700 m
⓰ 約 20 km

解　説

● 地球の自転によって生じる遠心力のため，地球の形は，完全な球形ではなく，赤道方向に膨らんだ回転楕円体である。地球の形と大きさに最も近い回転楕円体を地球楕円体という。地球楕円体の赤道半径は 6378 km，極半径は 6357 km である。地球が赤道方向に膨らんでいるため，緯度差 1° あたりの子午線の長さは高緯度ほど長くなる。

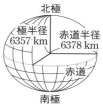

北極

極半径
6357 km

赤道半径
6378 km

赤道

南極

● 回転楕円体のつぶれの度合いは偏平率で表される。地球楕円体の偏平率は，次の式で表される。

$$偏平率 = \dfrac{赤道半径 - 極半径}{赤道半径}$$

よって，地球楕円体の偏平率は，

$$\dfrac{6378 - 6357}{6378} \fallingdotseq \dfrac{1}{300}$$

である。人工衛星の軌道から求めた精密な分析では，約 $\dfrac{1}{298}$ となる。

A☐ **❶** 地球の表面を覆う厚さ数 km ～数十 km の岩石の層を何というか。

A☐ **❷** 主に大陸を構成している地殻を何というか。

A☐ **❸** 主に海洋底を構成している地殻を何というか。

A☐ **❹** 大陸地殻の厚さはおよそ何 km か。

A☐ **❺** 海洋地殻の厚さはおよそ何 km か。

A☐ **❻** 大陸地殻の上部はどのような岩石で構成されているか。

A☐ **❼** 大陸地殻の下部はどのような岩石で構成されているか。

A☐ **❽** 海洋地殻はどのような岩石で構成されているか。

B☐ **❾** 大陸地殻と海洋地殻を構成する岩石の密度はどちらが大きいか。

B☐ **❿** 大陸地殻と海洋地殻の平均的な形成年代はどちらが古いか。

A☐ **⓫** 図1-2は，地殻の構成元素を，横幅を重量比にして示したものである。元素**ア**は何か。

A☐ **⓬** 元素**イ**は何か。

B☐ **⓭** 元素**ウ**は何か。

B☐ **⓮** 元素**エ**は何か。

図1-2 地殻の構成元素

解 答

❶ 地殻

❷ 大陸地殻
❸ 海洋地殻
❹ 30〜60 km
❺ 5〜10 km
❻ 花こう岩質の岩石

❼ 玄武岩質の岩石

❽ 玄武岩質の岩石
❾ 海洋地殻

❿ 大陸地殻

⓫ 酸素(O)

⓬ ケイ素(Si)
⓭ アルミニウム(Al)
⓮ 鉄(Fe)

解 説

● 地球の表面を覆う岩石の層を地殻という。地殻は大陸地殻と海洋地殻に分けられる。

● 大陸地殻は、厚さが 30〜60 km あり、上部は花こう岩質の岩石、下部は玄武岩質の岩石で構成されている。

下部地殻(玄武岩質の岩石)

● 海洋地殻は、厚さが 5〜10 km あり、玄武岩質の岩石で構成されている。

海洋地殻(玄武岩質の岩石)
5〜10 km

● 地殻を構成する元素は、重量比で酸素(O)が約 46%、ケイ素(Si)が約 28%、アルミニウム(Al)が約 8%、鉄(Fe)が約 5%を占める。

A☐❶ 地殻よりも下の深さ約2900 kmまでの岩石の層を何というか。

A☐❷ 1909年にクロアチアの地震学者によって発見された地殻とマントルの境界面を何というか。

B☐❸ 地殻とマントルを構成する岩石の密度は、どちらのほうが大きいか。

B☐❹ マントルは地球の体積の約何%を占めるか。

B☐❺ 上部マントルと下部マントルは深さ何kmを境に分けられるか。

A☐❻ 上部マントルを構成している岩石は何か。

A☐❼ マントルよりも深い部分を何というか。

B☐❽ マントルと核の密度は、どちらのほうが大きいか。

A☐❾ 図1-3は、核の構成元素を、横幅を重量比にして示したものである。元素アは何か。

B☐❿ 元素イは何か。

図1-3 核の構成元素の重量比

A☐⓫ 核は外核と内核に分けられる。外核と内核の境界面は、深さ約何kmにあるか。

A☐⓬ 外核と内核のうち、液体となっているのはどちらか。

B☐⓭ 外核と内核の密度は、どちらのほうが大きいか。

解　答

❶マントル

❷モホロビチッチ不連続面

❸マントル

❹約83%
❺約660 km

❻かんらん岩
❼核
❽核
❾鉄(Fe)

❿ニッケル(Ni)

⓫約5100 km

⓬外核

⓭内核

解　説

● 地球の内部は，構成している物質の違いによって，地殻，マントル，核に分けられている。マントルと核の境界面は，深さ約2900 kmにある。また，核は深さ約5100 kmを境に，液体の外核と固体の内核に分けられている。

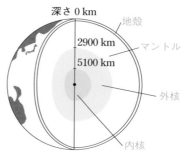

深さ0 km
地殻
2900 km
マントル
5100 km
外核
内核

● 地殻とマントルは主に岩石で構成されている。このうち，上部マントルは主にかんらん岩でできている。一方，核は金属で構成されている。

● 核を構成する元素は，重量比で鉄(Fe)が約90%，ニッケル(Ni)が約5%を占める。

● 内核は外核よりも高温であるが，圧力が高いため，内核の金属はとけていない。

プレートの分布

A□❶ 地殻とマントル最上部からなる厚さ約 100 km のかたい岩盤を何というか。

A□❷ マントル上部のやわらかく流動しやすい領域を何というか。

A□❸ 図2−1はプレートの分布を示したものである。プレートAの名称を答えよ。

A□❹ プレートBの名称を答えよ。

A□❺ プレートCの名称を答えよ。

A□❻ プレートDの名称を答えよ。

図2−1 プレートの分布

A□❼ 高温のマントル物質が上昇してプレートが生産される海底の大山脈を何というか。

A□❽ 海洋プレートが沈み込む海底の深い谷を何というか。

B□❾ 海嶺Eの名称を答えよ。

B□❿ 海嶺Fの名称を答えよ。

B□⓫ 海溝Gの名称を答えよ。

B□⓬ 海溝Hの名称を答えよ。

解　答

❶リソスフェア
（プレート）

❷アセノスフェア

❸ユーラシアプレート

❹北アメリカプレート

❺太平洋プレート

❻フィリピン海プレート

❼海嶺

❽海溝

❾東太平洋海嶺

❿大西洋中央海嶺

⓫日本海溝

⓬伊豆・小笠原海溝

解　説

● 地殻とマントル最上部のかたい岩盤であるリソスフェアは，地球表面を板のように覆っているのでプレートともよばれる。プレートは，大陸地域を含む大陸プレートと海洋地域を含む海洋プレートに分けられる。プレートの平均的な厚さは約 100 km である。

● リソスフェア（プレート）の下には，やわらかくて流動しやすい岩石の層がある。この領域をアセノスフェアという。アセノスフェアの厚さは約 100〜200 km である。

● 日本付近には，ユーラシアプレート，フィリピン海プレート，北アメリカプレート，太平洋プレートの 4 枚のプレートが集まっている。太平洋プレートは北アメリカプレートの下に沈み込み，フィリピン海プレートはユーラシアプレートの下に沈み込んでいる。

● プレートは，海底の大山脈である海嶺で生産され，海底の深い谷である海溝から地球内部に沈み込んでいく。

プレートの境界

B ❶ プレートの拡大によってできたアイスランドの大地の裂け目を何というか。

B ❷ 大陸が分裂してできる溝状の地形を何というか。

B ❸ フィリピン海プレートが沈み込んでいる四国沖の海底の地形の名称を答えよ。

B ❹ 海溝に沿って弧状に形成された島を何というか。

C ❺ 海溝に沿って大陸の縁に形成された山脈を何というか。

A ❻ 海洋プレート上の堆積物がはぎ取られ,大陸プレートの先端に付け加えられた部分を何というか。

A ❼ プレートの収束する境界において,複雑な地質構造をもつ大山脈が形成される場所を何というか。

A ❽ 地層や岩石が折り曲げられている地質構造を何というか。

A ❾ 褶曲した地層のうち,山状に盛り上がった部分を何というか。

A ❿ 褶曲した地層のうち,谷状にくぼんだ部分を何というか。

B ⓫ プレートの収束する境界のうち,海洋プレートが沈み込む境界を何というか。

B ⓬ プレートの収束する境界のうち,大陸プレートどうしが近づく境界を何というか。

A ⓭ プレートのすれ違う境界に形成された断層を何というか。

B ⓮ 北アメリカの西海岸で,太平洋プレートと北アメリカプレートのすれ違う境界に形成された断層の名称を答えよ。

A ⓯ プレートの運動によって,地震や火山の活動,大地形の形成などを説明する考え方を何というか。

解答

❶ギャオ

❷地溝帯(リフト帯)

❸南海トラフ

❹島弧
❺陸弧

❻付加体

❼造山帯

❽褶曲

❾背斜

❿向斜

⓫沈み込み境界
(沈み込み帯)
⓬衝突境界(衝突帯)

⓭トランスフォーム断層

⓮サンアンドレアス断層

⓯プレートテクトニクス

解説

● プレートの境界は，拡大する境界，収束する境界，すれ違う境界に分けられる。

● プレートが沈み込む海底の谷のうち，水深が 6000 m より深いものを海溝といい，水深が 6000 m より浅いものをトラフという。

● プレートの収束する境界は，沈み込み境界と衝突境界に分けられる。日本列島やアンデス山脈は海洋プレートが大陸プレートの下に沈み込む境界に形成された大山脈であり，ヒマラヤ山脈やアルプス山脈は大陸プレートどうしが衝突する境界に形成された大山脈である。

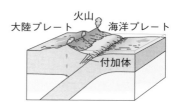

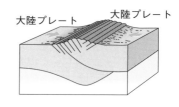

A ☑ ❶ マントル深部から高温の物質が上昇し，アセノスフェアでマグマが発生し，火山活動が起こっている場所を何というか。

B ☑ ❷ 図2-2は，ハワイ諸島と天皇海山列の配列を示したものである。ホットスポットは図中のどこにあるか。

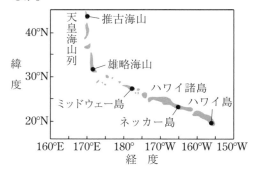

図2-2 ハワイ諸島と天皇海山列の配列

B ☑ ❸ 推古海山が形成されてから雄略海山が形成されるまで，太平洋プレートはどの方向に動いたか。

B ☑ ❹ 雄略海山が形成された後，太平洋プレートはどの方向に動いたか。

B ☑ ❺ 雄略海山は，ハワイ島から約3500 km 離れた位置にあり，形成された年代は約4740万年前である。このことから太平洋プレートが移動する平均の速さ（cm/年）を求めよ。

B ☑ ❻ 海洋底の年代は，海嶺から離れるほどどのようになるか。

B ☑ ❼ 最も古い海洋底は何億年前に形成されたものか。

❶ ホットスポット

● ハワイ島のように，マントル深部から高温の物質が上昇し，マグマの供給源がアセノスフェアにあるような場所をホットスポットという。ホットスポットは世界に約50か所存在する。

❷ ハワイ島

● ホットスポットで形成された火山島や海山は，プレートの運動とともに移動するため，プレートの移動方向に火山島や海山の配列ができる。また，ホットスポットから離れるほど，火山島や海山が形成された年代は古くなる。

● 雄略海山はハワイ島の位置（ホットスポット）で形成され，プレートの運動とともに西北西へ移動した。雄略海山が形成されてから現在までの太平洋プレートの平均の速さは，1 km ＝ 1000 m，1 m ＝ 100 cm であるから，

❸ 北北西

❹ 西北西

❺ 約 7 cm/年

$$\frac{3500 \times 1000 \times 100}{4740 \times 10000}$$
$$= 7.3 \text{ cm/年}$$

❻ 古くなる

● プレートは海嶺で生産され，両側へ移動していくため，海嶺から離れるほど海洋底の年代は古くなる。

❼ 約 2 億年前

第2章

地球内部の動き

B☐❶ 人工衛星を利用した位置決定システムをアルファベット 4 文字で答えよ。

B☐❷ 人工衛星を利用した位置決定システムのうち，アメリカが開発したものをアルファベット 3 文字で答えよ。

B☐❸ 図 2 - 3 は，人口衛星で観測したユーラシアプレート上にある南大東島とフィリピン海プレート上にある与論島の距離の変化を示したものである。フィリピン海プレートはユーラシアプレートに 1 年間に約何 cm 近づいているか。

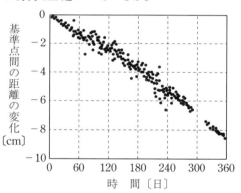

図 2 - 3 南大東島と与論島の距離の変化

A☐❹ マントルでの大規模な対流運動を何というか。

A☐❺ マントルにおける高温で円筒状の上昇流を何というか。

B☐❻ マントル内の高温の上昇流は，周囲と比べて物質の密度はどのようになっているか。

解　答

解　説

❶ GNSS

❷ GPS

❸ 約 8.5 cm

● 人工衛星を利用した位置決定システムを **GNSS**（全地球航法衛星システム）という。このうち，アメリカが開発したものを **GPS**（全地球測位システム）といい，日本が開発したものを準天頂衛星システムという。GNSS を利用してプレートの動きがわかる。プレートの動く速さは，1 年間に数 cm である。

● マントルはゆっくりと流動している。マントル内で，温度が高く密度の小さい部分は上昇し，温度が低く密度の大きい部分は下降する。このようなマントルでの大規模な対流運動をマントル対流という。特に高温で円筒状の上昇流をプルームという。

❹ マントル対流
❺ プルーム

❻ 小さくなっている

変 成 岩

A☐❶ 温度や圧力が高い状態で，岩石中の鉱物の種類や組織が変化する作用を何というか。

A☐❷ 温度や圧力が高い状態で，鉱物の種類や組織が変化してできる岩石を何というか。

A☐❸ 高温のマグマに接触した部分で，マグマの熱によって変成岩をつくる作用を何というか。

A☐❹ 高温のマグマに接触した部分でできた変成岩を何というか。

B☐❺ 泥岩や砂岩が接触変成作用を受けてできる変成岩は何か。

B☐❻ 石灰岩が接触変成作用を受けてできる変成岩は何か。

B☐❼ 結晶質石灰岩を構成する粗粒の鉱物は何か。

A☐❽ プレートの沈み込み境界の地下の広い範囲で変成岩をつくる作用を何というか。

A☐❾ プレートの沈み込み境界の地下の広い範囲でできた変成岩を何というか。

B☐❿ 粗い鉱物が一定の方向に並んで，黒い部分と白い部分の縞模様を形成している広域変成岩は何か。

B☐⓫ 高い圧力によって鉱物が一定の方向に配列し，板状に薄く割れやすい性質をもつ広域変成岩は何か。

C☐⓬ 広域変成岩において，鉱物が一定の方向に配列した構造を何というか。

❶変成作用

❷変成岩

❸接触変成作用

❹接触変成岩

❺ホルンフェルス

❻結晶質石灰岩(大理石)

❼方解石

❽広域変成作用

❾広域変成岩

❿片麻岩

⓫片岩

⓬片理

●地下の岩石が温度や圧力の高い状態に長くおかれると，鉱物の種類や組織が変化することがある。このような作用を変成作用といい，変成作用によってできた岩石を変成岩という。

●マグマが貫入すると，マグマに接触した部分では熱によって変成岩ができることがある。このように変成岩をつくる作用を接触変成作用といい，できた岩石を接触変成岩という。接触変成作用によって，泥岩や砂岩は緻密でかたいホルンフェルスになり，石灰岩は方解石（炭酸カルシウム $CaCO_3$ の結晶）が集まった結晶質石灰岩（大理石）になる。

●プレートの沈み込み境界の地下では，広い範囲にわたって温度や圧力が周囲よりも高くなっている。このような場所で変成岩をつくる作用を広域変成作用といい，できた岩石を広域変成岩という。広域変成作用では，黒い部分と白い部分の縞模様をもつ片麻岩や板状に割れやすい面をもつ片岩ができる。片岩には鉱物が一定の方向に配列してできた片理とよばれる面状の構造が発達する。

第2章

地震の発生

A□❶ 地下の岩盤が破壊されたときに,地震波が最初に発生したところを何というか。

A□❷ 震源の真上の地表の地点を何というか。

A□❸ ある地点での地震動の強さ示す尺度を何というか。

B□❹ 日本で使用されている震度階級は何段階に分けられているか。

B□❺ 日本で使用されている最も小さい震度は何か。

B□❻ 日本で使用されている最も大きい震度は何か。

B□❼ 震源の深い地震が起こると,震央に近いところよりも遠く離れた地域のほうが大きくゆれることがある。このような場所を何というか。

B□❽ 遠方まで伝わる周期の長い(数秒〜十数秒)のゆれを何というか。

A□❾ 地震のエネルギーの大きさ(地震の規模)を示す尺度を何というか。

A□❿ マグニチュードが2大きくなると,地震のエネルギーは何倍になるか。

B□⓫ マグニチュードが1大きくなると,地震のエネルギーは約何倍になるか。

B□⓬ 地震は近い場所で連続して起こることがある。この中で最も規模の大きい地震を何というか。

C□⓭ 連続して発生した地震のうち,最も規模の大きい地震の前に起こった地震を何というか。

A□⓮ 連続して発生した地震のうち,最も規模の大きい地震の後に起こった地震を何というか。

B□⓯ 余震が発生する領域を何というか。

❶震源（しんげん）

❷震央（しんおう）
❸震度（しんど）

❹ 10 段階

❺ 0
❻ 7
❼異常震域（いじょうしんいき）

❽長周期地震動

❾マグニチュード

❿ 1000 倍

⓫約 32 倍

⓬本震（ほんしん）

⓭前震（ぜんしん）

⓮余震（よしん）

⓯余震域（よしんいき）

●ある地点での地震動の強さを示す
尺度を震度という。日本で使用さ
れている震度は，小さいほうから，
0，1，2，3，4，5弱，5強，6弱，
6強，7に分けられている。

●日本海の地下の深いところで発生
した地震では，日本海側の地域よ
りも太平洋側の地域のほうが大き
くゆれることがある。このような
地域を異常震域という。

●地震のエネルギーの大きさ（地震
の規模）を示す尺度をマグニチュ
ードという。マグニチュードが2
大きくなると，地震のエネルギー
は 1000 倍になる。

マグニチュード	エネルギー〔J〕
7.0	2.0×10^{15}
6.0	6.3×10^{13}
5.0	2.0×10^{12}
4.0	6.3×10^{10}

1000 倍
1000 倍

●連続して発生した地震のうち，最
も規模の大きい地震を本震といい，
本震の前に起こった地震を前震，
本震の後に起こった地震を余震と
いう。また，余震が発生する領域
を余震域という。

第2章

テーマ 11 | 断層の種類

A☑❶ 地層や岩石に力が加わり，破壊されてずれた面を何というか。

A☑❷ 図2-4のような断層を何というか。

B☑❸ 図2-4の断層は，水平方向にどのような力がはたらいてできるか。

A☑❹ 図2-5のような断層を何というか。

B☑❺ 図2-5の断層は，水平方向にどのような力がはたらいてできるか。

図2-4

図2-5

A☑❻ 図2-6のような断層を何というか。

A☑❼ 図2-7のような断層を何というか。

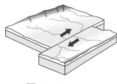

図2-6

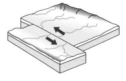

図2-7

B☑❽ プレートの拡大する境界(海嶺など)で地震が起こったときにできやすい断層は何か。

B☑❾ プレートの収束する境界(海溝など)で地震が起こったときにできやすい断層は何か。

B☑❿ 地震を発生させた断層を何というか。

A☑⓫ 最近の数十万年の間にくり返し活動し，今後も活動する可能性が高い断層を何というか。

❶断層
だんそう

❷正断層
せいだんそう

❸引っ張る力

❹逆断層
ぎゃく

❺圧縮する力

❻右横ずれ断層
みぎよこ

❼左横ずれ断層
ひだりよこ

❽正断層

❾逆断層

❿震源断層
しんげんだんそう

⓫活断層
かつだんそう

● 地層や岩石が破壊されてずれた面を断層という。断層面に対して，上側の岩盤を上盤といい，下側の岩盤を下盤という。上盤が下盤に対してずり落ちた断層を正断層という。また，上盤が下盤に対してのし上がった断層を逆断層という。

● 正断層は，地層や岩石に，水平方向に引っ張る力がはたらくことによってできる。海嶺ではプレートが両側へ離れることによって引っ張る力がはたらくため，正断層が形成されやすい。

● 逆断層は，地層や岩石に，水平方向に圧縮する力がはたらくことによってできる。海溝ではプレートが近づくことによって圧縮する力がはたらくため，逆断層が形成されやすい。

● 水平方向にずれた断層を横ずれ断層という。断層の向こう側の岩盤が右に動いたものを右横ずれ断層，左に動いたものを左横ずれ断層という。

● 地震を発生させた断層（地震のときにずれた断層）を震源断層という。地震は同じ断層がずれて起こることが多い。

第2章

A☐**❶** 震源の深さが 100 km よりも深い地震を何という
か。

C☐**❷** 沈み込む海洋プレートの内部において，震源の深
さが 100 km よりも深い地震が発生する領域を何
というか。

A☐**❸** 図 2−8 は，マグニチュード 4 以上の地震の分布
を示したものである。この図は，震源の深さが
100 km よりも浅い地震と深い地震のどちらの分布
を表しているか。

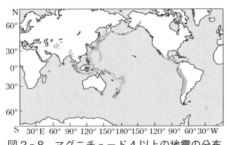

図 2−8　マグニチュード 4 以上の地震の分布

B☐**❹** 日本付近の地震は発生する場所によって分けら
れる。沈み込む海洋プレートと大陸プレートの境界
で発生する地震を何というか。

B☐**❺** 大陸地殻の浅いところで発生する地震を何とい
うか。

B☐**❻** 沈み込む海洋プレートの内部で発生する地震を
何というか。

B☐**❼** 1946 年に紀伊半島沖で発生したマグニチュード
8.0 のプレート境界地震の名称を答えよ。

B☐**❽** 2011 年に日本海溝沿いで発生したマグニチュー
ド 9.0 のプレート境界地震の名称を答えよ。

❶ 深発地震
しんぱつ

❷ 深発地震面
（和達 - ベニオフ帯）
わだち　　　　　たい

❸ 深い地震

❹ プレート境界地震

❺ 大陸プレート内地震
（内陸地殻内地震）
❻ 海洋プレート内地震

❼ 南海地震

❽ 東北地方太平洋沖地震

●震源の深さが 100 km よりも浅い地震は，主にプレートの拡大する境界，収束する境界，すれ違う境界で発生する。一方，震源の深さが 100 km よりも深い深発地震は，プレートの沈み込む境界で発生する。

●日本付近の地震は，発生する場所によって，プレート境界地震，大陸プレート内地震（内陸地殻内地震），海洋プレート内地震に分けられる。

● 1946 年の南海地震や 2011 年の東北地方太平洋沖地震はプレート境界地震である。プレート境界地震では，地震発生時に大陸プレートの先端部は急激に隆起する。

●日本付近の大陸プレート内地震は，大陸地殻の浅いところが，海洋プレートに水平方向に押され，岩盤が破壊されることによって発生する。1995 年の兵庫県南部地震や 2004 年の新潟県中越地震は大陸プレート内地震である。

●海洋プレートが海溝から沈み込むところでは，プレートが曲げられるため，海洋プレート内で地震が発生しやすくなっている。

震源の決定

A☐❶ 地球内部を伝わる地震波は，P波とS波のどちらのほうが速いか。

A☐❷ P波が到着して起こる小さなゆれを何というか。

A☐❸ S波が到着して起こる大きなゆれを何というか。

C☐❹ S波よりも遅れて到着し，地表を伝わってくる波を何というか。

A☐❺ P波が到着してからS波が到着するまでの時間を何というか。

A☐❻ 初期微動継続時間を T〔秒〕，震源までの距離を D〔km〕とすると，$D = kT$（k は約 8 km/s）と表すことができる。この関係式を何というか。

B☐❼ 初期微動継続時間が長いほど，震源までの距離はどのようになるか。

A☐❽ 地点 A 〜 C では，震源までの距離（震源距離）を求めることができた。図 2 - 9 は，各地点において，震源距離を半径とする円を描いたものである。この地震の震央の位置を**ア〜エ**から選べ。

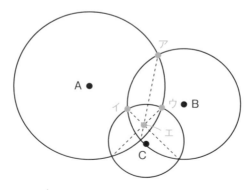

図 2 - 9　地点 A 〜 C と震源距離を半径とする円

解 答

❶ P 波

❷ 初期微動

❸ 主要動

❹ 表面波

❺ 初期微動継続時間

❻ 大森公式

❼ 遠くなる

❽ エ

解 説

● 地震が発生したとき，観測点に最初に到着し，初期微動を起こす地震波を P 波といい，P 波の後に到着し，主要動を起こす地震波を S 波という。S 波の後には，地表を伝ってくる表面波が到着する。

● 観測点から震源までの距離（震源距離）は，初期微動継続時間（P 波が到着してから S 波が到着するまでの時間）に比例する。初期微動継続時間を T〔秒〕，震源までの距離を D〔km〕とすると，

$D = kT$（k は約 8 km/s）

と表される。この関係式を大森公式という。

また，P 波の速度を V_P，S 波の速度を V_S とすると，

$$k = \frac{V_P V_S}{V_P - V_S}$$

と表される。

● 3つ以上の観測点で震源距離がわかっているとき，震央を作図によって求めることができる。各地点を中心に震源距離を半径とする円を描き，これらの円の共通する弦（図2-9の破線）を引くと，弦の交点が震央となる。

火山の分布

A▢❶ 過去1万年以内に噴火した火山および現在活発な噴気活動のある火山を何というか。

B▢❷ 日本に分布する活火山のおよその数を答えよ。

A▢❸ 地下の岩石がとけたものを何というか。

A▢❹ マグマが地下の浅いところに一時的に蓄えられている場所を何というか。

C▢❺ 地下水がマグマによって加熱され，水蒸気となるときに膨張して発生する爆発(噴火)を何というか。

A▢❻ 海嶺ではどのようなマグマの活動が起こっているか。

B▢❼ 図2-10は，海底に噴出したマグマが海水に急冷されてできた溶岩である。この溶岩を何というか。

図2-10　海水に急冷されてできた溶岩

C▢❽ マグマで加熱された地下水が，海底に噴き出す場所を何というか。

A▢❾ プレートの沈み込み帯において，火山は海溝よりも大陸側へ100〜300 km離れた場所に分布している。火山が分布している地域の海溝側の境界線を何というか。

B▢❿ 日本列島のように火山が帯状に分布する地帯を何というか。

❶活火山

❷約 110

❸マグマ

❹マグマだまり

❺水蒸気爆発

❻玄武岩質マグマ

❼枕状溶岩

● 地下の岩石がとけたものをマグマ
という。マグマは地下深部の岩石
よりも密度が小さいため、地殻の
浅いところまで上昇し、マグマだ
まりを形成する。

● 火山が主に分布する場所は、海嶺
などのプレートの拡大する境界、
日本列島などのプレートの沈み込
み境界、ハワイ島などのホットス
ポットである。

● 海底に噴出した玄武岩質マグマは、
海水に急冷されて枕状溶岩を形成
することがある。

● 日本の火山は、海溝よりも大陸側
へ 100〜300 km 離れた場所に分
布している。火山が分布している
地域の海溝側の境界線を火山前線
(火山フロント)という。

❽熱水噴出孔

❾火山前線(火山フロ
ント)

❿火山帯

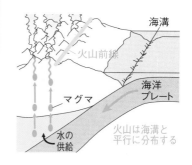

A☐❶ 噴火によって地表に放出された物質を何という
か。

A☐❷ マグマから分離して，地表に放出されたガスを何
というか。

B☐❸ 火山ガスの主成分を答えよ。

A☐❹ マグマが地表に噴き出したものや地表で冷え固
まったものを何というか。

B☐❺ 噴出した溶岩の表面が固結し，内部が流動するこ
とによって，表面が割れてできた図2-11の溶岩
を何というか。

図2-11　ある溶岩の表面の構造

A☐❻ 噴火に伴ってマグマや山体の一部が飛散したも
のを何というか。

A☐❼ 直径が2mm未満の火山砕屑物を何というか。

B☐❽ 直径が2〜64mmの火山砕屑物を何というか。

B☐❾ 直径が64mm以上の火山砕屑物を何というか。

B☐❿ 空中に放出されたマグマの破片が冷え固まってで
きた特徴的な形をもつ火山砕屑物を何というか。

B☐⓫ 表面にガスが抜けてできたたくさんの穴がある白
っぽい色の火山砕屑物を何というか。

B☐⓬ 表面にガスが抜けてできたたくさんの穴がある黒
っぽい色の火山砕屑物を何というか。

❶火山噴出物

●噴火によって地表に放出された物質を火山噴出物という。火山噴出物は，火山ガス，溶岩，火山砕屑物に分けられる。

❷火山ガス

●火山ガスの主成分は水蒸気であり，二酸化炭素，二酸化硫黄，硫化水素なども含まれている。

❸水蒸気
❹溶岩

❺塊状溶岩

●マグマが地表に噴出した溶岩は，表面の形態によって分類されることがある。粘性の小さい溶岩では縄状溶岩が形成され，粘性の大きい溶岩では塊状溶岩が形成されることがある。

●火山砕屑物は粒子の大きさによって分類されることがある。粒子の直径が 2 mm 未満のものを火山灰，2〜64 mm のものを火山礫，64 mm 以上のものを火山岩塊という。

❻火山砕屑物

❼火山灰
❽火山礫
❾火山岩塊
❿火山弾

●火山砕屑物は形態によって分類されることがある。空中に放出されたマグマの破片が冷え固まってできる火山弾は，パン皮状火山弾や紡錘状火山弾などがある。

⓫軽石

●表面にたくさんの穴がある火山砕屑物のうち，白っぽいものを軽石，黒っぽいものをスコリアという。

⓬スコリア

火山の形

B☐❶ マグマに含まれる二酸化ケイ素が多いほど，マグマの粘性はどのようになるか。

B☐❷ マグマの温度が高いほど，マグマの粘性はどのようになるか。

B☐❸ 流紋岩質マグマと玄武岩質マグマでは，どちらのほうがマグマの粘性が大きいか。

B☐❹ 粘性の大きいマグマと小さいマグマでは，どちらのほうが爆発的な噴火となりやすいか。

A☐❺ 粘性の小さい大量の溶岩によってできた傾斜の緩やかな火山の形を何というか。

B☐❻ 粘性の小さい大量の溶岩によってできた平坦な台地を何というか。

A☐❼ 粘性の大きい溶岩が盛り上がってできた火山の形を何というか。

C☐❽ 噴出した火山砕屑物が火口周辺に積もってできた地形を何というか。

A☐❾ 溶岩と火山砕屑物が交互に積み重なってできた火山の形を何というか。

A☐❿ 爆発的な噴火によって地下のマグマが噴出し，マグマだまりの上部の山体が陥没してできた凹地を何というか。

B☐⓫ 盾状火山，成層火山，溶岩円頂丘のうち，平均的な大きさが最も大きい火山を答えよ。

B☐⓬ ハワイのマウナロア山の火山地形の名称を答えよ。

B☐⓭ インドのデカン高原の火山地形の名称を答えよ。

B☐⓮ 富士山の火山地形の名称を答えよ。

B☐⓯ 昭和新山の火山地形の名称を答えよ。

解答

❶大きくなる

❷小さくなる

❸流紋岩質マグマ

❹粘性の大きいマグマ

❺盾状火山

❻溶岩台地

❼溶岩円頂丘(溶岩ドーム)

❽火砕丘

❾成層火山

❿カルデラ

⓫盾状火山

⓬盾状火山

⓭溶岩台地

⓮成層火山

⓯溶岩円頂丘(溶岩ドーム)

解説

● マグマの粘性(粘り気)は,マグマの温度や含まれる SiO_2(二酸化ケイ素)の量と関係がある。温度が高く,SiO_2 の量が少ない玄武岩質マグマは粘性が小さい。また,温度が低く,SiO_2 の量が多い流紋岩質マグマは粘性が大きい。粘性の大きいマグマは,ガス成分が抜けにくいため,爆発底な噴火を起こしやすい。

● 粘性の小さい溶岩は,傾斜の緩やかな盾状火山や平坦な溶岩台地を形成する。ハワイのマウナロア山やマウナケア山は盾状火山であり,インドのデカン高原は溶岩台地である。

● 粘性の大きい溶岩は溶岩円頂丘(溶岩ドーム)を形成する。北海道の昭和新山や樽前山は溶岩円頂丘である。

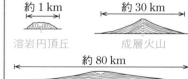

約 1 km	約 30 km
溶岩円頂丘	成層火山

約 80 km

盾状火山

火成岩の産状と組織

A □ ❶ マグマが冷え固まってできた岩石を何というか。

B □ ❷ マグマが地層面を切るように貫入した岩体を何というか。

B □ ❸ マグマが地層面と平行に貫入した岩体を何というか。

B □ ❹ マグマが大規模に貫入した岩体を何というか。

A □ ❺ マグマが地表付近で急に冷え固まってできた岩石を何というか。

A □ ❻ マグマが地下の深いところでゆっくり冷え固まってできた岩石を何というか。

B □ ❼ 図2-12と図2-13は，火成岩を顕微鏡で観察してスケッチしたものである。マグマが急に冷え固まった部分はAとBのどちらか。

A □ ❽ Aのような細粒の結晶と火山ガラスからなる部分を何というか。

A □ ❾ Bのような大きく成長した粗粒の結晶を何というか。

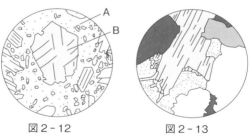

図2-12   図2-13

A □ ❿ 図2-12のように，斑晶が石基に取り囲まれているような火成岩の組織を何というか。

A □ ⓫ 図2-13のように，大きく成長した粗粒の鉱物からできている火成岩の組織を何というか。

解　答	解　説

解　答

❶火成岩
❷岩脈

❸岩床

❹底盤（バソリス）
❺火山岩

❻深成岩

❼A

❽石基

❾斑晶

❿斑状組織

⓫等粒状組織

解　説

● マグマが冷え固まってできた岩石を火成岩という。マグマが地層面を切るように貫入した岩体を岩脈，地層面と平行に貫入した岩体を岩床，大規模に貫入した岩体を底盤（バソリス）という。

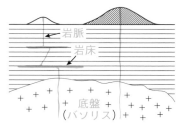

● 火成岩は，地表付近で急に冷え固まってできた火山岩と地下の深いところでゆっくり冷え固まってできた深成岩に分けられる。

● 岩石の組織（岩石を構成する鉱物の大きさや集まり方）を偏光顕微鏡で観察すると，火山岩は斑晶（粗粒の結晶）を石基（細粒の結晶や火山ガラス）が取り囲む斑状組織が見られる。一方，深成岩は粗粒の鉱物が集まった等粒状組織が見られる。

B☑❶　原子やイオンが立体的に規則正しく配列している固体を何というか。

A☑❷　固有の結晶面が発達した鉱物の形を何というか。

A☑❸　結晶面をもたない不規則な鉱物の形を何というか。

B☑❹　ある火成岩に自形と多形の鉱物が見つかったとすると，マグマの中で先に結晶化した鉱物の形はどちらか。

A☑❺　SiO_4 四面体が配列して結晶構造をつくっている鉱物を何というか。

B☑❻　SiO_4 四面体が互いに独立して，その間に Fe^{2+} や Mg^{2+} が入り込んでいる鉱物は何か。

B☑❼　SiO_4 四面体が互いに2個の酸素を共有して鎖状に結合した鉱物の名称を答えよ。

B☑❽　図2-14は，火成岩に含まれるあるケイ酸塩鉱物の結晶構造である。この鉱物の名称を答えよ。

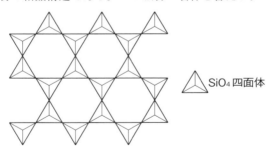

△ SiO_4 四面体

図2-14　あるケイ酸塩鉱物の結晶構造

A☑❾　鉱物に力を加えると，特定の方向に割れることがある。この性質を何というか。

❶ 結晶

❷ 自形（じけい）
❸ 他形（たけい）

❹ 自形

❺ ケイ酸塩鉱物（さんえんこうぶつ）

❻ かんらん石

❼ 輝石（きせき）

❽ 黒雲母（くろうんも）

- マグマの中で最初に結晶となった鉱物は、結晶面（鉱物本来の平面）で囲まれた形に成長する。このような鉱物の形を自形という。また、後から結晶となった鉱物は、他の鉱物のすき間を埋めるように成長するため、結晶面をもたない不規則な形となる。このような鉱物の形を他形という。

- 正四面体の4つの頂点に酸素があり、その中心にケイ素が配置された構造を SiO₄ 四面体という。SiO₄ 四面体が配列してできた鉱物をケイ酸塩鉱物という。

- 火成岩の主要造岩鉱物（石英（せきえい）、カリ長石（ちょうせき）、斜長石（しゃちょうせき）、黒雲母、角閃石（かくかんせき）、輝石、かんらん石）はケイ酸塩鉱物である。かんらん石は SiO₄ 四面体が互いに独立している。輝石は SiO₄ 四面体が鎖状に結合し、角閃石は SiO₄ 四面体が2重の鎖状に結合している。黒雲母は SiO₄ 四面体が平面網状に結合している。

輝石の結晶構造

❾ へき開（かい）

第2章

A☐❶ 鉄やマグネシウムを含む黒っぽい鉱物を何という
か。

A☐❷ 鉄やマグネシウムを含まない白っぽい鉱物を何
というか。

A☐❸ 有色鉱物に富み，SiO_2 の量が少ない火成岩を何
というか。

A☐❹ 無色鉱物に富み，SiO_2 の量が多い火成岩を何と
いうか。

B☐❺ 苦鉄質岩とケイ長質岩の中間的な化学組成の火
成岩を何というか。

A☐❻ 火山岩は SiO_2 などの化学組成で分類されること
が多い。図2-15は，火山岩を SiO_2 の質量％で
分類したものである。アに入る岩石名を答えよ。

A☐❼ イに入る岩石名を答えよ。

A☐❽ ウに入る岩石名を答えよ。

A☐❾ エに入る岩石名を答えよ。

	苦鉄質岩	中間質岩		ケイ長質岩	
SiO_2（質量％）45	52		63	70	75
火山岩	ア	イ		ウ	エ

図2-15 火山岩の分類

B☐❿ 苦鉄質岩とケイ長質岩では，どちらのほうが岩石
に占める CaO の割合が大きいか。

B☐⓫ 苦鉄質岩とケイ長質岩では，どちらのほうが岩石
に占める Na_2O の割合が大きいか。

B☐⓬ 苦鉄質岩とケイ長質岩では，どちらのほうが岩石
に占める FeO の割合が大きいか。

B☐⓭ 苦鉄質岩とケイ長質岩では，どちらのほうが岩石
に占める MgO の割合が大きいか。

❶有色鉱物(苦鉄質鉱物)

❷無色鉱物(ケイ長質鉱物)

❸苦鉄質岩

❹ケイ長質岩

❺中間質岩

❻玄武岩

❼安山岩
❽デイサイト
❾流紋岩

❿苦鉄質岩

⓫ケイ長質岩

⓬苦鉄質岩

⓭苦鉄質岩

●鉄(Fe)やマグネシウム(Mg)を含む黒っぽい鉱物(かんらん石，輝石，角閃石，黒雲母)を有色鉱物(苦鉄質鉱物)という。また，鉄(Fe)やマグネシウム(Mg)を含まない白っぽい鉱物(石英，カリ長石，斜長石)を無色鉱物(ケイ長質鉱物)という。

●火成岩は，SiO_2 の質量の割合(質量%)が大きいものから順に，ケイ長質岩，中間質岩，苦鉄質岩，超苦鉄質岩に分けられる。

●火山岩は，SiO_2 の質量の割合が大きいものから順に，流紋岩，デイサイト，安山岩，玄武岩に分類される。

●火成岩に含まれる斜長石には，Ca に富むものと Na に富むものがある。苦鉄質岩(玄武岩など)に含まれる斜長石は Ca に富み，ケイ長質岩(流紋岩やデイサイトなど)に含まれる斜長石は Na に富む。

●苦鉄質岩はケイ長質岩よりも有色鉱物に富むため，FeO，Fe_2O_3，MgO などの質量%が大きい。

第2章

A☐ **❶** 深成岩は鉱物組成によって分類されることが多い。図2-16は，深成岩の分類を示したものである。**ア**に入る岩石名を答えよ。

A☐ **❷** **イ**に入る岩石名を答えよ。

A☐ **❸** **ウ**に入る岩石名を答えよ。

A☐ **❹** **エ**に入る鉱物名を答えよ。

A☐ **❺** **オ**に入る鉱物名を答えよ。

A☐ **❻** **カ**に入る鉱物名を答えよ。

A☐ **❼** **キ**に入る鉱物名を答えよ。

A☐ **❽** **ク**に入る鉱物名を答えよ。

A☐ **❾** **ケ**に入る鉱物名を答えよ。

A☐ **❿** **コ**に入る鉱物名を答えよ。

岩石の分類	苦鉄質岩	中間質岩	ケイ長質岩
深成岩	ア	イ	ウ
造岩鉱物 （体積比）	キ　ク	オ ケ	エ カ コ

図2-16　深成岩の分類

A☐ **⓫** 超苦鉄質岩に分類される深成岩の名称を答えよ。

A☐ **⓬** 火成岩に含まれる有色鉱物の占める割合を体積％で表したものを何というか。

B☐ **⓭** 花こう岩と斑れい岩では，どちらのほうが色指数が大きいか。

B☐ **⓮** 花こう岩と斑れい岩では，どちらのほうが密度が大きいか。

解 答

❶ 斑れい岩

❷ 閃緑岩

❸ 花こう岩

❹ 石英

❺ 斜長石

❻ カリ長石

❼ かんらん石

❽ 輝石

❾ 角閃石

❿ 黒雲母

⓫ かんらん岩
⓬ 色指数

⓭ 斑れい岩

⓮ 斑れい岩

解 説

● 深成岩は鉱物組成によって分類されることが多く，花こう岩（ケイ長質岩），閃緑岩（中間質岩），斑れい岩（苦鉄質岩），かんらん岩（超苦鉄質岩）に分けられる。

● 花こう岩には，石英，カリ長石，斜長石，黒雲母などが含まれ，閃緑岩には，斜長石，角閃石，輝石などが含まれ，斑れい岩には，斜長石，輝石，かんらん石などが含まれ，かんらん岩には輝石やかんらん石などが含まれている。

● 花こう岩に含まれる斜長石は Na に富み，斑れい岩に含まれる斜長石は Ca に富む。

● 火成岩に含まれる有色鉱物の占める割合（体積％）を色指数という。無色鉱物を多く含む花こう岩は色指数が小さく，有色鉱物を多く含む斑れい岩やかんらん岩は色指数が大きい。

● 深成岩のうち，花こう岩は密度が小さく，斑れい岩やかんらん岩は密度が大きい。

大気の組成と気圧

B☐**❶** 地球を取り巻く大気の層を何というか。

A☐**❷** 水蒸気を除いた地表付近の大気において，約78%の体積を占める成分は何か。

A☐**❸** 水蒸気を除いた地表付近の大気において，約21%の体積を占める成分は何か。

A☐**❹** 水蒸気を除いた地表付近の大気において，約0.93%の体積を占める成分は何か。

A☐**❺** 水蒸気を除いた地表付近の大気において，約0.04%の体積を占める成分は何か。

A☐**❻** 大気は重力によって地表に引きつけられている。単位面積あたりの大気の重さを何というか。

A☐**❼** 気圧は高さとともにどのように変化するか。

B☐**❽** 1気圧とは地球のどこの平均気圧か。

B☐**❾** 1気圧は高さ何cmの水銀柱の圧力と等しいか。

A☐**❿** 1気圧は何hPaか。

B☐**⓫** 図3−1は気圧と高度の関係を示したものである。気圧はおよそ何km上昇するごとに半分になるか。

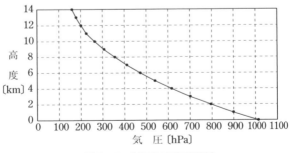

図3−1　気圧と高度の関係

解答

① 大気圏
② 窒素

③ 酸素

④ アルゴン

⑤ 二酸化炭素

⑥ 気圧

⑦ 低くなる
⑧ 海面上
⑨ 76 cm
⑩ 1013 hPa
⑪ 5.5 km

解説

● 地表付近の大気の組成は，窒素と酸素で全体の約99％を占めている。この割合は高度約80 kmまではほとんど変化しない。これは大気がよく混合されているからである。

成分	体積％
窒素 N_2	78
酸素 O_2	21
アルゴン Ar	0.93
二酸化炭素 CO_2	0.04
その他	微量

● 単位面積あたりの大気の重さを気圧という。高度が高くなるほど，その上の大気の量が少なくなるため，気圧は低くなる。

● $1 m^2$ の面に 1 N(ニュートン)の力が加わったときの圧力を 1 Pa(パスカル)という。

$1 Pa = 1N/m^2$

この100倍の圧力が1 hPa(ヘクトパスカル)である。

$1 hPa = 100 Pa$

地球の海面上における平均気圧は1013 hPa であり，これを1気圧という。

$1 気圧 = 1013 hPa$

テーマ 22 | 大気圏の層構造

A ☐ ❶ 地表から高度約 11 km までの大気は,気温が高さとともに低下する。この領域を何というか。

A ☐ ❷ 高度約 11〜50 km の大気は,気温が高さとともに上昇する。この領域を何というか。

A ☐ ❸ 高度約 50〜85 km の大気は,気温が高さとともに低下する。この領域を何というか。

A ☐ ❹ 高度約 85〜500 km の大気は,気温が高さとともに上昇する。この領域を何というか。

A ☐ ❺ 対流圏の上端を何というか。

B ☐ ❻ 対流圏の上端の高さは,低緯度と高緯度ではどちらが高いか。

C ☐ ❼ 成層圏の上端を何というか。

C ☐ ❽ 中間圏の上端を何というか。

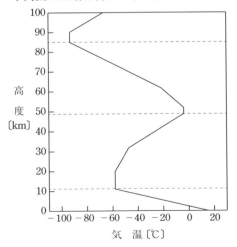

図 3-2　地球大気の平均的な気温の変化

❶対流圏
たいりゅうけん

❷成層圏
せいそうけん

❸中間圏
ちゅうかんけん

❹熱圏
ねっけん

❺圏界面
けんかいめん
（対流圏界面）

❻低緯度

❼成層圏界面
❽中間圏界面

● 大気中の原子や分子は，加熱されると激しく運動するようになる。このような原子や分子の運動を熱運動という。気温（大気の温度）が高いほど，原子や分子は激しく運動している。

● 大気圏は高度による気温の変化をもとに，下層から上層に向かって，対流圏，成層圏，中間圏，熱圏に区分されている。

● 対流圏と中間圏では，高度とともに気温が低下し，成層圏と熱圏では，高度とともに気温が上昇する。対流圏の気温が上空ほど低いのは，太陽光によって地表が暖められ，地表から上空へ熱が運ばれるからである。

● 対流圏と成層圏の境界面を圏界面（対流圏界面）という。圏界面の高度は，低緯度では約 17 km，高緯度では約 9 km にあり，平均すると約 11 km にある。

● 成層圏と中間圏の境界を成層圏界面といい，中間圏と熱圏の境界を中間圏界面という。

第3章

A ☑ ❶ 気温が高さとともに低下する割合を何というか。

A ☑ ❷ 対流圏の気温は，高度が100m高くなると，平均して約何℃低下するか。

A ☑ ❸ 大気中の水蒸気の大部分は，対流圏，成層圏，中間圏，熱圏のどの領域にあるか。

B ☑ ❹ オゾンの化学式を答えよ。

A ☑ ❺ 高度約20〜30kmのオゾン濃度の高い領域を何というか。

B ☑ ❻ 電磁波は波長によって分類されている。X線よりも波長が長く，可視光線よりも波長の短い電磁波は何か。

B ☑ ❼ 可視光線よりも波長が長く，電波よりも波長の短い電磁波は何か。

A ☑ ❽ 成層圏のオゾンは生物にとって有害な太陽からの電磁波を吸収している。この電磁波の名称を答えよ。

B ☑ ❾ オゾンは，低緯度と高緯度のどちらの上空で生成されるか。

B ☑ ❿ 熱圏で酸素や窒素によって吸収されている太陽からの電磁波は紫外線ともう1つは何か。

C ☑ ⓫ 熱圏の大気の主成分を答えよ。

A ☑ ⓬ 太陽系内の塵が大気圏に突入して発光する現象を何というか。

A ☑ ⓭ 太陽からの電荷を帯びた粒子が高速で地球大気に衝突して，大気中の酸素や窒素を発光させる現象を何というか。

解　答	解　説

解　答

❶気温減率

❷約 0.65℃

❸対流圏

❹O₃

❺オゾン層

❻紫外線

❼赤外線

❽紫外線

❾低緯度

❿X 線

⓫酸素原子

⓬流星

⓭オーロラ

解　説

● 気温が高さとともに低下する割合を気温減率という。対流圏では高度が 100 m 高くなると，気温が約 0.65℃ 低下する。

● 高度約 20〜30 km のオゾン濃度の高い領域をオゾン層という。オゾンは太陽からの紫外線を吸収するため，大気が加熱され，成層圏の気温は高さとともに上昇している。

● 電磁波は，波長の短いほうから順に，γ 線，X 線，紫外線，可視光線，赤外線，電波に分けられる。

● 熱圏では，太陽からの紫外線や X 線が吸収されるため，気温が高くなっている。酸素分子（O₂）が紫外線を吸収すると分解して酸素原子（O）となるため，熱圏の大気の主成分は酸素原子となっている。

● 太陽系内の塵が大気圏に突入して発光する現象を流星という。

● 太陽からの電荷を帯びた粒子が地球大気に衝突して，大気中の酸素や窒素を発光させる現象をオーロラという。

第3章

B☑❶ 水が水蒸気になる状態変化を何というか。

B☑❷ 水蒸気が水になる状態変化を何というか。

B☑❸ 氷が水蒸気になる状態変化を何というか。

A☑❹ 水の状態変化に伴って出入りする熱を何というか。

B☑❺ 水が水蒸気になるときには，熱を吸収するか，それとも放出するか。

B☑❻ 水蒸気が水になるときには，熱を吸収するか，それとも放出するか。

B☑❼ 大気中の水蒸気が移動することによって熱が運ばれることを何というか。

B☑❽ 地球表層の水のうち，質量比で約97%を占めるものは何か。

B☑❾ 陸水(陸地にある水)のうち最も多いのは，河川水，湖沼水，地下水，氷河のうちのどれか。

B☑❿ 図3-3は，大気，陸域，海洋における水の循環を示したものである。海洋では，降水量と蒸発量のどちらが多いか。

B☑⓫ 陸上では，降水量と蒸発量のどちらが多いか。

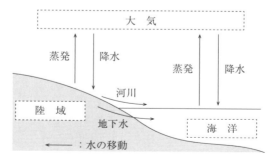

図3-3 水の循環

❶蒸発
❷凝結(凝縮)
❸昇華
❹潜熱

❺吸収する

❻放出する

❼潜熱輸送

❽海水

❾氷河

❿蒸発量

⓫降水量

●水が蒸発して水蒸気になるとき，周囲から熱(蒸発熱)を吸収する。また水蒸気が凝結して水になるとき，周囲に熱(凝結熱)を放出する。このような水の状態変化に伴って出入りする熱を潜熱という。一方，物質の温度変化に使われる熱を顕熱という。

●固体が気体になる状態変化を昇華といい，気体が固体になる状態変化を凝華という。

●地表の水が蒸発して水蒸気となり，上空で水蒸気が凝結して水になると，水蒸気によって地表から上空へ熱が運ばれたことになる。このような熱の移動を潜熱輸送という。

●地球表層に分布する水は，質量比で，海水が約96.5%，氷河が約1.74%，地下水が約1.69%を占める。湖沼，河川，生物，大気などに分布する水は，地球表層の水の0.1%もない。

●海洋では降水量よりも蒸発量のほうが多く，陸域では蒸発量よりも降水量のほうが多い。蒸発量の多い海洋で水がなくならないのは，河川などによって海洋へ流入する水があるからである。

第3章

A☐ ❶ ある温度で単位体積の空気が含むことのできる最大の水蒸気量を何というか。

A☐ ❷ 水蒸気が飽和しているときの水蒸気の圧力を何というか。

A☐ ❸ 飽和水蒸気量や飽和水蒸気圧は，気温が高いほどどのように変化するか。

A☐ ❹ ある温度の飽和水蒸気圧に対して，実際に空気中に含まれている水蒸気の圧力の割合を何というか。

B☐ ❺ 図3-4は気温と飽和水蒸気圧の関係を示したものである。気温30℃，水蒸気圧23 hPa の空気の相対湿度を求めよ。

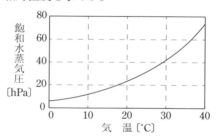

図3-4 気温と飽和水蒸気圧の関係

A☐ ❻ 気温が下がるとき，大気中の水蒸気の圧力と飽和水蒸気圧が等しくなり，水滴ができ始める。このときの温度を何というか。

B☐ ❼ 大気中の水蒸気の圧力が飽和水蒸気圧よりも高い状態を何というか。

C☐ ❽ 水蒸気が凝結するとき，大気中の微粒子を核にして水滴が生じる。このような水滴の核を何というか。

❶飽和水蒸気量

❷飽和水蒸気圧

❸大きくなる

❹相対湿度

❺ 55%

$$\left(\frac{23}{42} \times 100 = 54.7\%\right)$$

❻露点

❼過飽和

❽凝結核

●単位体積($1\,m^3$)の空気中に含むことのできる最大の水蒸気量を飽和水蒸気量〔g/m^3〕という。空気中の水蒸気量は，水蒸気の圧力で表されることがある。水蒸気が飽和しているときの水蒸気の圧力を飽和水蒸気圧〔hPa〕という。飽和水蒸気量や飽和水蒸気圧は，気温が高いほど大きくなる。

気温〔℃〕	飽和水蒸気量〔g/m^3〕	飽和水蒸気圧〔hPa〕
15	12.9	17.1
16	13.7	18.2
17	14.5	19.4
18	15.4	20.7
19	16.3	22.0
20	17.3	23.4

●ある温度の飽和水蒸気圧(量)に対して，実際に空気中に含まれている水蒸気の圧力(量)の割合を相対湿度〔%〕といい，次の式で表される。

$$\frac{水蒸気圧(量)}{飽和水蒸気圧(量)} \times 100$$

●気温が下がるとき，ある温度で水蒸気が飽和し，水滴ができ始める。このときの温度を露点という。

第3章

雲の発生

B ☐ ❶ 空気塊が上昇すると，空気塊の体積はどのように変化するか。

B ☐ ❷ 空気塊が上昇すると，空気塊の温度はどのように変化するか。

B ☐ ❸ 周囲の大気と熱のやり取りをせずに，上昇する空気塊の体積が増加することを何というか。

B ☐ ❹ 空気塊が下降すると，空気塊の体積はどのように変化するか。

B ☐ ❺ 空気塊が下降すると，空気塊の温度はどのように変化するか。

B ☐ ❻ 周囲の大気と熱のやり取りをせずに，下降する空気塊の体積が減少することを何というか。

A ☐ ❼ 周囲の大気と熱のやり取りをせずに，空気塊の体積や温度が変化することを何というか。

C ☐ ❽ 空気塊が上昇するとき，水蒸気が凝結して水滴ができ始める（雲ができ始める）高度を何というか。

B ☐ ❾ 雲が発生するとき，水蒸気の凝結や凝華によって放出されるものは何か。

B ☐ ❿ 雲をつくっている水滴や氷晶を何というか。

B ☐ ⓫ 雲の形態や発生する高度から，雲を 10 種類に分類したものを何というか。

B ☐ ⓬ 雲底は対流圏の下層にあり，雲頂は対流圏の上層にあるような雲で，雷を伴うこともある雲の名称を答えよ。

B ☐ ⓭ 対流圏の中層にできることが多く，雨を降らせることが多い層状の雲の名称を答えよ。

C ☐ ⓮ 対流圏の中層にでき，塊状の雲がヒツジの群れのように集まった雲の名称を答えよ。

❶増加する

❷低下する

❸断熱膨張

❹減少する

❺上昇する

❻断熱圧縮

❼断熱変化

❽凝結高度

❾潜熱

❿雲粒
⓫十種雲形

⓬積乱雲

⓭乱層雲

⓮高積雲

● 空気塊が上昇するとき，上空ほど気圧が低いので，空気塊は膨張して（断熱膨張），温度が下がる。また，空気塊が下降するとき，下層ほど気圧が高いので，空気塊は圧縮されて（断熱圧縮），温度が上がる。このような空気塊の体積や温度の変化は，周囲の大気との熱のやり取りがほとんどないため，断熱変化とよばれる。

● 空気塊が上昇して，空気塊の温度が露点よりも下がると，水蒸気が凝結または凝華して水滴や氷晶ができる。このような水滴や氷晶が集まって雲を形成している。雲粒の大きさは直径 0.001〜0.1 mm 程度である。

● 雲の形態や発生する高度によって，雲を 10 種類に分けたものを十種雲形という。大気の下層（地表付近〜高度約 2 km）には層雲や層積雲，中層（高度 2〜7 km）には乱層雲，高層雲，高積雲，上層（高度 5〜13 km）には巻雲，巻層雲，巻積雲などができる。また，鉛直方向に発達した積雲や積乱雲などがある。積乱雲や乱層雲は雨を降らせることがある。

A☐❶ 太陽が宇宙に放出している電磁波を何というか。

A☐❷ 太陽放射を波長別にみると，エネルギーが最も強い電磁波は何か。

A☐❸ 太陽放射のうち，大気中の酸素やオゾンに吸収される電磁波は何か。

A☐❹ 太陽放射のうち，大気中の水蒸気や二酸化炭素に吸収される電磁波は何か。

B☐❺ 地球に入射した太陽放射エネルギーのうち，大気，雲，地表などで反射され，宇宙空間へ戻っていくのは約何%か。

B☐❻ 地球に入射した太陽放射エネルギーのうち，大気圏で吸収されるのは約何%か。

B☐❼ 地球に入射した太陽放射エネルギーのうち，地表に吸収されるのは約何%か。

B☐❽ 地球が受ける太陽放射を何というか。

A☐❾ 大気圏の最上部で，太陽放射に垂直な $1\,\mathrm{m}^2$ の面が1秒間に受ける日射量を何というか。

B☐❿ 図3-5は地球が受ける太陽放射を示したものである。地球の半径を R，太陽定数を S とすると，地球全体が1秒間に受ける太陽放射エネルギーはどのように表されるか。

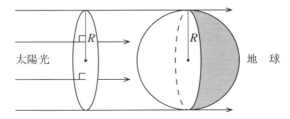

図3-5 地球が受ける太陽放射

解　答

解　説

❶太陽放射
❷可視光線

❸紫外線

❹赤外線

❺約 30%

❻約 20%

❼約 50%

❽日射
❾太陽定数

❿ $\pi R^2 S$

●太陽が宇宙に放出している電磁波を太陽放射という。太陽は，赤外線，可視光線，紫外線などを放射している。太陽放射のエネルギーを波長別にみると，可視光線の部分が最も強い。地球が受ける太陽放射は日射という。

●地表の氷や雪，大気中の微粒子や雲によって，地球に入射した太陽放射の一部は反射される。

●地球に入射した太陽放射のうち，紫外線の大部分は大気中の酸素やオゾンに吸収され，赤外線の一部は大気中の水蒸気や二酸化炭素に吸収される。

●大気圏の最上部で，太陽放射に垂直な $1\,\mathrm{m}^2$ の面が 1 秒間に受ける日射量を太陽定数という。太陽定数の値は，約 $1370\,\mathrm{W/m}^2$ である。

●地球が受ける太陽放射は，半径が地球の半径 R と等しい円盤を，垂直に通過した太陽放射と考えられる。半径 R の円盤の面積は πR^2 であり，円盤上の $1\,\mathrm{m}^2$ の面を 1 秒間に通過する太陽放射のエネルギーは太陽定数 S であるから，円盤全体を通過する太陽放射のエネルギーは $\pi R^2 S$ となる。

第3章

28 | **地球のエネルギー収支**

A☐❶ 地表や大気が宇宙に放出している電磁波を何というか。

A☐❷ 地表や大気が放出している電磁波は何か。

A☐❸ 大気中の水蒸気や二酸化炭素などが，地表からの赤外線を吸収し，そのエネルギーの一部を暖められた大気から地表へ放射することによって，地表付近を暖めるはたらきを何というか。

A☐❹ 地表からの赤外線を吸収する性質をもち，地表付近を暖めるはたらきをする気体を何というか。

A☐❺ 地表が受け取る放射エネルギーよりも地表から出ていく放射エネルギーのほうが大きくなって，地表の温度が下がる現象を何というか。

B☐❻ 放射冷却が強まるのは，よく晴れた夜間と雲の多い夜間のどちらか。

B☐❼ 図3−6は，太陽放射の吸収量と地球放射の放出量の緯度分布を示したものである。太陽放射の吸収量はAとBのどちらか。

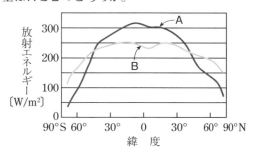

図3−6 太陽放射と地球放射の緯度分布

❶地球放射(赤外放射)

❷赤外線
❸温室効果

❹温室効果ガス

❺放射冷却

❻よく晴れた夜間

❼A

●大気中の水蒸気や二酸化炭素は，地表から放射された赤外線の大部分を吸収する。そのため，地表から放出されたエネルギーは主に大気圏で吸収され，大気が暖められる。大気圏で吸収されたエネルギーの一部は，再び大気から地表に向けて赤外線として放射され，地表付近を暖める。このような大気のはたらきを温室効果という。

●地表からの赤外線を吸収して温室効果に寄与する気体を温室効果ガスという。主な温室効果ガスとして，水蒸気，二酸化炭素，メタンなどがある。

●よく晴れた夜間には，地表からの赤外線が宇宙へ放出されやすくなるため，放射冷却が強まる。一方，大気中の水蒸気や雲が多いときには，放射冷却が緩和される。

●低緯度では太陽放射の吸収量は地球放射の放出量よりも大きく，高緯度では太陽放射の吸収量は地球放射の放出量よりも小さい。このエネルギーの過不足を解消するように，大気や海洋は低緯度側から高緯度側へ熱を輸送している。

第3章

A☐❶ 赤道付近の気圧の低い帯状の領域を何というか。

A☐❷ 緯度20°〜30°付近の気圧の高い帯状の領域を何というか。

A☐❸ 熱帯収束帯では，上昇気流と下降気流のどちらが卓越（たくえつ）しているか。

A☐❹ 亜熱帯高圧帯では，上昇気流と下降気流のどちらが卓越しているか。

A☐❺ 亜熱帯高圧帯から熱帯収束帯に向かって吹く風を何というか。

A☐❻ 北半球での貿易風の風向を答えよ。

A☐❼ 南半球での貿易風の風向を答えよ。

A☐❽ 熱帯収束帯で上昇した空気が，亜熱帯高圧帯で下降するような低緯度の大気の対流運動を何というか。

B☐❾ 熱帯収束帯では，降水量と蒸発量のどちらが多いか。

B☐❿ 亜熱帯高圧帯では，降水量と蒸発量のどちらが多いか。

A☐⓫ 中緯度の対流圏で卓越している西よりの風を何というか。

B☐⓬ 偏西風の風速は，対流圏の下層と上層ではどちらのほうが大きいか。

A☐⓭ 中緯度の圏界面付近で，特に強く吹いている西風を何というか。

C☐⓮ 北極と南極付近の気圧の高い領域を何というか。

C☐⓯ 北極と南極付近の寒冷な高気圧から吹き出す東よりの風を何というか。

解　答

❶熱帯収束帯
❷亜熱帯高圧帯

❸上昇気流

❹下降気流

❺貿易風

❻北東
❼南東
❽ハドレー循環

❾降水量

❿蒸発量

⓫偏西風

⓬上層

⓭ジェット気流

⓮極高圧帯
⓯極偏東風

解　説

● 赤道付近の気圧の低い領域を熱帯収束帯という。熱帯収束帯では上昇気流が卓越し，雲が発生しやすく，蒸発量よりも降水量のほうが多い。上昇した空気は，上空を高緯度方向へ流れ，緯度 20°～30°付近の亜熱帯高圧帯で下降して，地表付近で貿易風となって赤道へ向かう。このような低緯度の大気の対流運動をハドレー循環という。亜熱帯高圧帯では，下降気流によって雲ができにくいため，降水量は蒸発量より少なくなる。

● 中緯度の対流圏では，偏西風が卓越している。偏西風は南北に蛇行しながら吹いていて，低緯度から高緯度へ熱を運んでいる。中緯度の圏界面付近で特に強く吹く西風は，ジェット気流とよばれる。

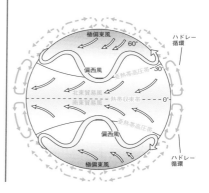

A☐**❶** 北半球の地表付近で，中心から時計まわりに風が吹き出しているのは，高気圧と低気圧のどちらか。

B☐**❷** 北半球において，暖気が北上するのは温帯低気圧の東側と西側のどちらか。

B☐**❸** 北半球において，寒気が南下するのは温帯低気圧の東側と西側のどちらか。

B☐**❹** 広い範囲にわたって一様な性質をもっている空気の塊を何というか。

B☐**❺** 性質の異なる2つの気団の境界を何というか。

A☐**❻** 前線面が地表と交わる線を何というか。

A☐**❼** 図3-7は，温帯低気圧付近の断面図である。地点Aを通る前線は何か。

A☐**❽** 地点Bを通る前線は何か。

A☐**❾** Cの雲の名称を答えよ。

A☐**❿** Dの雲の名称を答えよ。

B☐**⓫** Eの雲の名称を答えよ。

B☐**⓬** Fの雲の名称を答えよ。

A☐**⓭** 比較的短時間に強い雨が降るのは，地点AとBのどちらか。

A☐**⓮** 寒冷前線が通過すると気温はどのように変化するか。

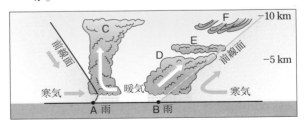

図3-7 温暖前線と寒冷前線の断面

❶高気圧

❷東側

❸西側

❹気団

❺前線面
❻前線
❼寒冷前線

❽温暖前線
❾積乱雲
❿乱層雲
⓫高層雲
⓬巻雲
⓭地点 A

⓮低下する

● 北半球では，高気圧の中心付近で下降気流が生じ，中心から時計回りに風が吹き出す。また，低気圧の中心付近では上昇気流が生じ，反時計回りに風が吹き込む。

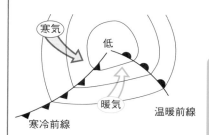

● 日本付近の温帯低気圧の東側では，暖気が寒気の上にはい上がり，温暖前線ができる。温暖前線付近では乱層雲が発達し，広い範囲に比較的長い時間にわたって雨が降る。温暖前線が通過すると，暖気が入り込んで気温が上昇する。

● 温帯低気圧の西側では，寒気が暖気の下にもぐり込み，寒冷前線ができる。寒冷前線付近では積乱雲が発達し，せまい範囲に比較的短時間に強い雨が降る。寒冷前線が通過すると，寒気が入り込んで気温が低下する。

第3章

冬～春の天気

A☐❶ 図3-8のような冬季によく見られる気圧配置を何というか。

A☐❷ 冬季に，大陸に発達する高気圧の名称を答えよ。

A☐❸ 大陸と海洋の温度差が原因で，季節ごとに特定の方向へ吹く風を何というか。

A☐❹ 西高東低の気圧配置のとき，日本付近を吹く季節風の風向を答えよ。

B☐❺ 冬季に北西の季節風が海上をわたるとき，海上に雲の列ができる。このような雲を何というか。

B☐❻ 冬季の降水量は，日本海側と太平洋側のどちらで多くなるか。

B☐❼ 冬季に日本海側に降る雪はどこで供給された水か。

B☐❽ 立春（2月4日頃）を過ぎて，図3-9のような気圧配置のときに吹く暖かい南風（みなみかぜ）を何というか。

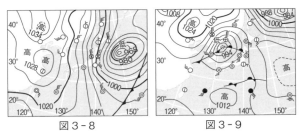

図3-8 　　　　　　　　　図3-9

A☐❾ 春と秋に，日本付近を西から東へ次々と通過していく高気圧を何というか。

C☐❿ 水蒸気を含んだ空気が山脈を越えて吹き降りると，風下側の空気は，風上側より気温が高く，湿度が低くなる。このような現象を何というか。

解 答

① 西高東低
せいこうとうてい

② シベリア高気圧
③ 季節風

④ 北西

⑤ すじ状の雲

⑥ 日本海側

⑦ 日本海

⑧ 春一番

⑨ 移動性高気圧
い どうせいこう き あつ

⑩ フェーン現象

解 説

● 冬は日射量が少なくなり，これを上回る地球放射によって地表面が冷える。大陸では放射冷却によってシベリア高気圧が発達し，日本の東には温帯低気圧が発達するため，日本付近は西高東低の気圧配置となる。風は高気圧から低気圧に向かって吹くため，日本付近では北西の季節風が卓越する。

● 大陸からの乾燥した空気が日本海をわたるときに，水蒸気が供給され，すじ状の雲が形成される。水蒸気を含んだ空気は，日本海側に雨や雪を降らせる。一方，太平洋側では乾燥した晴天となることが多い。

● 立春(2月4日頃)を過ぎて最初に吹く，南よりの暖かくて強い風を春一番という。このとき，日本海側では温度が上がり，融雪による洪水や雪崩が発生することがある。

● 春には，偏西風の影響で，温帯低気圧と移動性高気圧が交互に通過することが多い。そのため，天気は周期的に変化しやすい。

A◻ ❶ 図3−10は梅雨の時期の天気図である。北海道の東側に発達している高気圧の名称を答えよ。

A◻ ❷ 梅雨の時期に，日本列島に停滞している前線を何というか。

A◻ ❸ 梅雨前線の南方に発達する高気圧の名称を答えよ。

C◻ ❹ オホーツク海高気圧から東日本の太平洋側に吹き出す冷たい風を何というか。

B◻ ❺ 梅雨明けとなるとき，梅雨前線は北側と南側のどちらに移動するか。

B◻ ❻ 図3−11のような日本の夏に代表的な気圧配置を何というか。

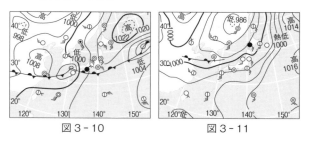

図3−10   図3−11

C◻ ❼ 昼間に海岸付近で海から陸に向かって吹く風を何というか。

C◻ ❽ 夜間に海岸付近で陸から海に向かって吹く風を何というか。

A◻ ❾ 9月頃に日本付近に停滞する停滞前線を何というか。

A◻ ❿ 10月〜11月頃に，日本付近を西から東へ通過していく高気圧を何というか。

❶オホーツク海高気圧

❷梅雨前線
<small>ばいうぜんせん</small>

❸北太平洋高気圧
（小笠原高気圧）

❹やませ

❺北側

❻南高北低
<small>なんこうほくてい</small>

❼海風
<small>うみかぜ</small>

❽陸風
<small>りくかぜ</small>

❾秋雨前線
<small>あきさめぜんせん</small>

❿移動性高気圧

● 6月から7月にかけて，日本の北にはオホーツク海高気圧，南には北太平洋高気圧（小笠原高気圧）が発達し，その間に梅雨前線が停滞する。

●北太平洋高気圧からの湿った空気の流れは，西日本に大雨や集中豪雨をもたらす。また，オホーツク海高気圧からの冷たい北東の風をやませといい，東北地方の太平洋側に冷害<small>れいがい</small>をもたらす。

●海水には，地表にくらべて暖まりにくく冷めにくいという性質がある。夏の昼間には，海水面より地表面のほうが高温になり，海面や地表に接した空気も海上より陸上のほうが高温となる。その結果，地表付近では海から陸へ海風が吹く。一方，夏の夜間には，地表面より海水面のほうが高温になり，地表や海面に接した空気も陸上より海上のほうが高温となる。その結果，地表付近では陸から海へ陸風が吹く。

● 9月頃に日本付近には秋雨前線が停滞する。台風にともなう湿った空気が秋雨前線に流れ込んで，大雨や集中豪雨が発生することがある。

33 海洋の層構造

A ☐ **❶** 海水に含まれる塩類の濃度を何というか。

A ☐ **❷** 海水の平均の塩分を‰(千分率)の単位で答えよ。

A ☐ **❸** 海水に最も多く溶け込んでいる塩類は何か。

B ☐ **❹** 海水の蒸発がさかんな海域では，塩分はどのようになるか。

A ☐ **❺** 図3-12は，熱帯のある海域における水温の分布を示したものである。水温が比較的高く，上下の温度差が小さい海面付近の海水の層を何というか。

A ☐ **❻** 水深とともに水温が急激に低下している海水の層を何というか。

A ☐ **❼** 水温が低く，上下の温度差が小さい水深の深い領域を何というか。

B ☐ **❽** 一般に，表層混合層，水温躍層，深層のうち，季節による温度変化が大きい領域はどれか。

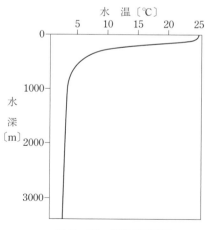

図3-12　海洋の層構造

❶塩分
❷約 35‰
❸塩化ナトリウム
❹高くなる

❺表層混合層

❻水温躍層

❼深層

❽表層混合層

● 海水に含まれる塩類の濃度を塩分という。海水の塩分は‰（千分率）で表す。海水の平均的な塩分は35‰ である。これは，海水 1 kg 中に 35 g の塩類が含まれていることを表す。塩類のほとんどは塩化ナトリウムや塩化マグネシウムである。

塩　類	質量%
塩化ナトリウム	78
塩化マグネシウム	10
硫酸マグネシウム	6
その他	少量

● 海面付近の塩分は，降水量と蒸発量によって変化する。熱帯収束帯の海では降水量が多いため塩分は低く，亜熱帯高圧帯の海では蒸発量が多いため塩分は高くなる。

● 海面付近の水温は比較的高く，上下の温度差は小さい。この部分を表層混合層という。表層混合層の下では，深さとともに水温が急激に低下する。この部分を水温躍層という。水温躍層の下は，水温が低く，上下の温度差は小さい。この部分を深層という。

第3章

A □ ❶　海洋表層におけるほぼ一定方向の海水の流れを何というか。

A □ ❷　貿易風帯では海流は東から西と西から東のどちらに流れているか。

A □ ❸　偏西風帯では海流は東から西と西から東のどちらに流れているか。

A □ ❹　図3-13は海洋の表層における海水の流れである。Aの海流を何というか。

B □ ❺　Bの海流を何というか。

B □ ❻　Cの海流を何というか。

A □ ❼　Dの海流を何というか。

A □ ❽　Eの海流を何というか。

B □ ❾　Fの海流を何というか。

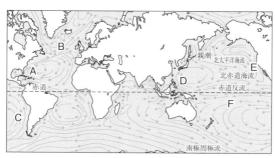

図3-13　世界の主な海流

A □ ❿　亜熱帯の海洋表層では，海水が環状に流れている。このような流れを何というか。

B □ ⓫　北半球における亜熱帯環流の向きは，時計回りと反時計回りのどちらであるか。

C □ ⓬　貿易風や偏西風などの海上を吹く風によって形成される海水の循環を何というか。

【解　答】

❶海流

❷東から西

❸西から東

❹メキシコ湾流（わんりゅう）

❺北大西洋海流（きたたいせいよう）
❻ペルー海流
❼黒潮（くろしお）
❽カリフォルニア海流
❾南赤道海流（みなみせきどうかいりゅう）

❿環流（亜熱帯環流）（かんりゅう）（あねったい）

⓫時計回り

⓬風成循環（ふうせい）

【解　説】

● ほぼ一定の方向に長時間流れる水平方向の海水の流れを海流という。主な海流は，海面上を吹く貿易風や偏西風などの風によって生じる。

● 貿易風帯では北赤道海流や南赤道海流などが西向きに流れ，偏西風帯では北太平洋海流や北大西洋海流などが東向きに流れている。

● 海流は地球の自転の影響によって，北半球では右向きに，南半球では左向きに曲げられる。そのため，北太平洋では北赤道海流，黒潮，北太平洋海流，カリフォルニア海流などによって時計回りの流れが生じている。これを環流（亜熱帯環流）という。一方，南太平洋では南赤道海流，東オーストラリア海流，南極環流，ペルー海流などによって反時計回りの流れが生じている。

第3章

テーマ 35 | 深層循環

B□❶ 水温が高くなるほど海水の密度はどうなるか。

B□❷ 塩分が高くなるほど海水の密度はどうなるか。

B□❸ 北極や南極付近で海水の密度が大きくなると，海水は沈み込むか，それとも上昇してくるか。

B□❹ 海水の流速は，水平方向と鉛直方向のどちらが大きいか。

A□❺ 北大西洋のグリーンランド沖や南極大陸の周辺で沈み込んだ海水が深海を流れ，太平洋やインド洋で表層に戻るような海水の循環を何というか。

B□❻ 北大西洋のグリーンランド沖で沈み込んだ海水が北太平洋の表層に戻るまでにおよそ何年かかるか。

C□❼ 深層の海水が表層に上昇してくることを何というか。

B□❽ 図3-14は深層循環を示したものである。深層の流れは赤色と黒色のどちらの矢印で示されているか。

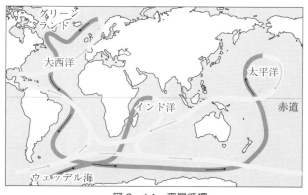

図3-14　深層循環

解答

❶小さくなる
❷大きくなる
❸沈み込む

❹水平方向

❺深層循環

❻約 2000 年

❼湧昇
ゆうしょう

❽黒色

解説

● 水温が高いほど海水の密度は小さくなり，水温が低いほど海水の密度は大きくなる。また，塩分が高いほど海水の密度は大きくなり，塩分が低いほど海水の密度は小さくなる。このため，水温と塩分の違いによって，鉛直方向の流れが生じる。

● 鉛直方向の海水の流れは，水平方向に流れる海流と比べると非常に遅い。北大西洋の北部で沈み込んだ海水が深海を流れ，北太平洋の海面に上昇してくるまでに約2000 年かかると考えられている。このような世界の深層を巡る海水の大循環を深層循環という。

● 北大西洋北部(グリーンランド付近)や南極大陸周辺の海(ウェッデル海)では，水温が低く，海水が凍るときに氷の中に塩類が取り込まれないため，周囲の海水に塩類が蓄積して海水の塩分が増加する。このようにして，海水の密度が大きくなるので，海水は深層へ沈み込む。

第3章

宇宙の誕生

A☐ **❶** 宇宙が超高温で超高密度の状態から爆発的に膨張することを何というか。

A☐ **❷** 宇宙が膨張を始めたのは今から約何年前か。

B☐ **❸** 宇宙の膨張によって温度はどのように変化するか。

C☐ **❹** 宇宙が膨張を初めて約3分後の宇宙の温度は何Kか。

A☐ **❺** 宇宙が膨張を始めて約3分以内にできた原子核のうち，原子核の数の割合で約93%を占めるものを答えよ。

A☐ **❻** 宇宙が膨張を始めて約3分以内にできた原子核のうち，原子核の数の割合で約7%を占めるものを答えよ。

B☐ **❼** 宇宙が膨張を始めた直後に，光の直進を妨げていたものは何か。

B☐ **❽** 宇宙が膨張を始めて約38万年後の温度は約何Kか。

B☐ **❾** 陽子1個と電子1個が結合してできる原子は何か。

A☐ **❿** ビッグバンの約38万年後に光が直進できるようになった現象を何というか。

B☐ **⓫** 光が1年間に進む距離を何というか。

B☐ **⓬** 数百億〜1兆個の恒星の大集団を何というか。

❶ビッグバン

●今から約138億年前に，宇宙は超高温で超高密度の状態から爆発的に膨張を始めた。これをビッグバンという。

❷約138億年前
❸低下する

❹約10億K

●宇宙は膨張とともに温度が下がっていく。ビッグバンの約3分後には，温度が約10億Kまで下がり，水素原子核（陽子）とヘリウム原子核が形成された。高温の宇宙では，原子核と電子がばらばらに飛びまわっていたため，光が電子に衝突して直進することができなかった。

❺水素原子核

❻ヘリウム原子核

❼電子

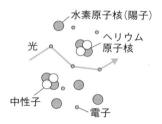

水素原子核（陽子）
ヘリウム原子核
光
中性子
電子

❽約3000K

❾水素原子

❿宇宙の晴れ上がり

●ビッグバンの約38万年後には，温度が約3000Kまで下がり，原子核と電子が結合して原子が形成された。こうして光の直進を妨害する電子が減ったため，光が直進できるようになった。これを宇宙の晴れ上がりという。

⓫1光年
⓬銀河

太陽の誕生

A□❶ 恒星と恒星の間の宇宙空間に分布する物質を何というか。

A□❷ 星間物質のうち，水素やヘリウムなどのガスを何というか。

A□❸ 星間物質のうち，固体の微粒子を何というか。

A□❹ 星間物質が集まっている部分を何というか。

A□❺ 星間雲のうち，近くの明るい恒星の光を受けて輝くものを何というか。

A□❻ 星間雲のうち，背後の恒星からの光を遮っているものを何というか。

B□❼ 図4-1はオリオン大星雲である。これは散光星雲と暗黒星雲のどちらか。

B□❽ 図4-2は馬頭星雲である。これは散光星雲と暗黒星雲のどちらか。

図4-1 オリオン大星雲

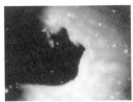

図4-2 馬頭星雲

B□❾ 星間雲が重力によって収縮すると，内部の温度はどうなるか。

A□❿ 星間雲が収縮して，輝き始めた段階の恒星を何というか。

A□⓫ 太陽は今から約何年前に誕生したか。

A□⓬ 原始星の段階の太陽を何というか。

❶星間物質
_{せいかんぶっしつ}

❷星間ガス

❸星間塵
_{じん}
❹星間雲
_{うん}
❺散光星雲
_{さんこう}

❻暗黒星雲
_{あんこく}

❼散光星雲

❽暗黒星雲

●宇宙空間に分布する物質を星間物質という。星間物質は，水素やヘリウムを主成分とする星間ガスと固体の微粒子である星間塵に分けられる。

●星間物質が集まっている部分を星間雲という。星間雲には，オリオン大星雲のように，近くの明るい恒星の光を受けて輝く散光星雲や，馬頭星雲のように，背後の恒星からの光を遮っている暗黒星雲などがある。

●星間雲の中の密度の大きい部分が重力によって収縮し，温度が上昇すると，原始星となって輝き始める。原始星は星間雲に取り囲まれているため，原始星を外側から見ることはできない。原始星からはジェット（高速のガスの流れ）の噴き出しが観測されている。

❾高くなる

❿原始星
_{げんしせい}

⓫約 46 億年前
⓬原始太陽
_{げんしたいよう}

●太陽は今から約 46 億年前に星間物質が収縮して誕生した。原始星の段階の太陽を原始太陽という。

第4章

太陽のエネルギー源

A ☐ ❶ 太陽を構成する元素のうち，原子数の割合で約92%を占めるものは何か。

A ☐ ❷ 太陽を構成する元素のうち，原子数の割合で約8%を占めるものは何か。

B ☐ ❸ 太陽の中心部の温度は約何Kか。

A ☐ ❹ 太陽の中心部では，水素の原子核（陽子）どうしが衝突して合体する反応が起こっている。この反応を何というか。

B ☐ ❺ 水素の核融合反応で1個のヘリウム原子核がつくられるとき，何個の水素原子核が反応したか。

B ☐ ❻ 核融合反応でできたヘリウム原子核の質量は，反応に使われた水素原子核の合計の質量と比べてどのようになるか。

A ☐ ❼ 中心部で水素の核融合反応が起こっている段階の恒星を何というか。

C ☐ ❽ 太陽が原始星となってから主系列星となるまでの期間は約何年か。

A ☐ ❾ 太陽が主系列星の段階にある期間は，約何年と考えられているか。

C ☐ ❿ 主系列星としての寿命を終えると，太陽はどのような星に進化するか。

C ☐ ⓫ 太陽は，赤色巨星に進化した後，外層部のガスをゆっくりと放出する。放出されたガスは，中心部からの光を受けて輝いて見える。このようなガスを何というか。

C ☐ ⓬ 赤色巨星の外層が放出されて，中心部に残った天体を何というか。

❶水　素

❷ヘリウム

❸約 1600 万 K
❹核融合反応
かくゆうごうはんのう

❺4 個

❻減少する

❼主系列星
しゅけいれつせい

❽約 1000 万年

❾約 100 億年

❿赤色巨星
せきしょくきょせい

⓫惑星状星雲
わくせいじょうせいうん

⓬白色矮星
はくしょくわいせい

● 太陽を構成している元素は，原子数の割合で水素が約 92 ％，ヘリウムが約 8 ％を占め，酸素や炭素なども含まれている。

● 高温高圧の太陽の中心部では，水素原子核（陽子）どうしが衝突して合体する核融合反応が起こっている。この反応では，4 個の水素原子核から 1 個のヘリウム原子核がつくられている。また，この反応で失われた質量がエネルギーとなって太陽表面へ運ばれている。

● 主系列星は，収縮しようとする重力と膨張しようとする圧力がつり合った状態にあるため，恒星は一生の大部分を主系列星として過ごす。現在の太陽は主系列星の段階にあり，太陽が主系列星として輝く期間は約 100 億年と考えられている。

● 太陽が主系列星としての寿命を終えると，膨張して赤色巨星となる。太陽程度の質量の星では，赤色巨星の後，外層部は放出されて惑星状星雲となり，中心部は収縮して白色矮星となる。

第
4
章

A☐❶ 太陽や太陽系の惑星は，今から約何億年前に誕生したか。

A☐❷ 原始太陽のまわりをまわる星間物質を何というか。

A☐❸ 原始地球や原始惑星は，直径 10 km 程度の小天体が衝突・合体をくり返して形成された。この小天体を何というか。

B☐❹ 原始太陽に近い領域では岩石主体の微惑星が形成された。太陽からの遠い領域では何を主体とする微惑星が形成されたか。

A☐❺ 水星，金星，地球，火星などの半径が小さく，密度の大きい惑星を何とよぶか。

A☐❻ 木星，土星，天王星，海王星などの半径が大きく，密度が小さい惑星を何とよぶか。

B☐❼ 地球型惑星のうち，半径が最も大きい惑星は何か。

B☐❽ 木星型惑星のうち，半径が最も大きい惑星は何か。

A☐❾ 地球型惑星の質量は，木星型惑星とくらべて大きいか，それとも小さいか。

A☐❿ 地球型惑星の自転周期は，木星型惑星とくらべて長いか，それとも短いか。

A☐⓫ 地球型惑星の偏平率は，木星型惑星とくらべて大きいか，それとも小さいか。

B☐⓬ 衛星の数は，地球型惑星と木星型惑星ではどちらのほうが多いか。

A☐⓭ 木星型惑星の大気の主成分は何か。

C☐⓮ 木星型惑星のうち木星と土星は，惑星内部が主にガスで構成されていることから何とよばれるか。

C☐⓯ 木星型惑星のうち天王星と海王星は，惑星内部に厚い氷の層があることから何とよばれるか。

❶約 46 億年前

❷原始太陽系円盤
❸微惑星

❹氷

❺地球型惑星

❻木星型惑星

❼地球
❽木星
❾小さい

❿長い

⓫小さい

⓬木星型惑星

⓭水素
⓮巨大ガス惑星

⓯巨大氷惑星

●原始太陽は，今から約 46 億年前に星間物質（水素やヘリウムなど）が収縮して誕生した。星間物質のほとんどは中心部に集まって原始太陽を形成し，残りの物質は原始太陽のまわりを円盤状に回転して，原始太陽系円盤を形成した。原始太陽系円盤の中で，固体微粒子が集まって直径 10 km 程度の多数の微惑星を形成した。その後，微惑星の衝突合体によって原始惑星が形成された。

●太陽に近い領域では岩石主体の微惑星が形成され，太陽から遠い領域では氷主体の微惑星が形成された。

●太陽系の惑星は大きく 2 つのグループに分けられる。水星，金星，地球，火星を地球型惑星，木星，土星，天王星，海王星を木星型惑星という。地球型惑星は木星型惑星にくらべて，半径が小さく，質量が小さく，平均密度が大きく，自転周期が長く，偏平率が小さく，衛星の数が少ないという特徴がある。木星型惑星の大気は水素を主成分とし，ヘリウムやメタンなども含まれている。

- B☑❶ 太陽に最も近い惑星は何か。
- A☑❷ 金星の大気の主成分は何か。
- B☑❸ 金星の大気圧は約何気圧か。
- B☑❹ 金星の表面温度は約何℃ か。
- A☑❺ 火星の大気の主成分は何か。
- B☑❻ 火星の気圧は地球の気圧とくらべて大きいか，それとも小さいか。
- A☑❼ 火星の極地方に見られる氷やドライアイス（固体の二酸化炭素）を何というか。
- B☑❽ 地球以外の地球型惑星のうち，季節変化がある惑星を答えよ。
- B☑❾ 木星の半径は地球の約何倍か。
- A☑❿ 木星の大気の主成分を答えよ。
- A☑⓫ 木星の表面に見られる巨大な大気の渦を何というか。
- B☑⓬ 太陽系の惑星のうち，平均密度が最も小さい惑星を答えよ。
- B☑⓭ 土星のリング（環）は，岩片以外にどのような物質で構成されているか。
- B☑⓮ 太陽系の惑星のうち，赤道面が公転面に対して90°以上傾いている惑星を答えよ。
- B☑⓯ 太陽系の惑星のうち，太陽から最も遠い惑星を答えよ。
- B☑⓰ 天王星と海王星の大気において，赤色光を吸収している物質は何か。
- A☑⓱ 地球と太陽の平均距離を何というか。
- B☑⓲ 太陽系において，液体の水が存在できる領域を何とよぶか。

❶水星
❷二酸化炭素
❸約 90 気圧
❹約 460℃
❺二酸化炭素
❻小さい

❼極冠(きょくかん)

❽火星

❾約 11 倍
❿水素
⓫大赤斑(だいせきはん)

⓬土星

⓭氷

⓮天王星

⓯海王星

⓰メタン

⓱1 天文単位(てんもんたんい)
⓲ハビタブルゾーン

●太陽系で表面温度が最も高い惑星は金星である。金星は大気圧が約 90 気圧であり，大気の主成分が二酸化炭素であるため，非常に強い温室効果がはたらき，表面温度は約 460℃ となっている。

●火星の大気の主成分は二酸化炭素であるが，大気の量が少ないため，温室効果はほとんどはたらかない。また，火星の自転軸の傾きや自転周期は地球とほぼ同じであるため，火星には地球と同じような季節変化が見られる。

●太陽系最大の惑星である木星は，半径が地球の約 11 倍ある。大気の主成分は水素とヘリウムであり，表面には大赤斑とよばれる巨大な大気の渦(うず)が見られる。

●天王星と海王星では，大気中のメタンが太陽からの赤い光を吸収し，青い光を反射しているため，地球から天王星や海王星を見ると青く見える。

●太陽系で液体の水が存在できる領域は，太陽から 0.95 ～ 1.4 天文単位の距離と考えられ，ハビタブルゾーンとよばれる。

第4章

太陽系の小天体

A□❶ 大部分の小惑星は，火星軌道とどの惑星の軌道の間に存在するか。

B□❷ 小惑星の中で最も大きな星は何か。

B□❸ 日本の小惑星探査機「はやぶさ」によって，岩石試料を持ち帰ることに成功した小惑星は何か。

A□❹ 図4-3は太陽のまわりを公転する天体の写真である。氷や塵で構成されているこの天体の名称を答えよ。

図4-3　太陽系のある天体

A□❺ 惑星間空間に漂っている固体微粒子が，地球の大気圏に突入したときに発光するものを何というか。

B□❻ 大気圏に突入した物体が，地上に落ちてきたものを何というか。

A□❼ 惑星のまわりを公転する天体を何というか。

B□❽ 隕石の衝突などによってできたもので，月などの表面に見られる円形のくぼんだ地形を何というか。

B□❾ 木星の衛星のうち，最も半径が大きい星は何か。

B□❿ 木星の衛星のうち，火山活動が観測されている星は何か。

A□⓫ 海王星よりも外側の軌道を公転している太陽系の小天体を何というか。

解　答	解　説

❶木星

❷セレス(ケレス)
❸イトカワ

❹彗星

❺流星

❻隕石

❼衛星
❽クレーター

❾ガニメデ
❿イオ

⓫太陽系外縁天体

● 火星と木星の間には，小惑星が数十万個存在している。最大の小惑星は直径 1000 km 程度のセレス(ケレス)である。多くの小惑星は直径 10 km 程度である。

● 彗星は太陽のまわりを細長い楕円を描いて公転している天体である。太陽に近づくと氷などが気化し，彗星本体のまわりに明るいコマとよばれる部分をつくる。また，彗星から放出されたガスや塵は，太陽と反対方向に吹き飛ばされ，尾をつくる。

● 月は地球のまわりを公転している衛星である。月の公転周期と自転周期は等しいため，月は地球に常に同じ面を向けている。

● 木星には 60 個以上の衛星がある。ガニメデは，最も大きい衛星であり，イオは火山活動が観測されている衛星である。

● 海王星よりも外側の軌道を公転している太陽系の小天体を太陽系外縁天体といい，冥王星やエリスなど 1000 個以上見つかっている。

42 | 岩石の風化

A□❶ 地表付近の岩石が，温度変化や水の凍結などにより，細かく砕かれていくことを何というか。

B□❷ 岩石の温度が上がると，一般に岩石は膨張と収縮のどちらの変化が起こるか。

A□❸ 岩石中の鉱物が，水に溶け出したり，他の成分と化学反応を起こして，岩石が壊されていくことを何というか。

B□❹ 寒冷地や乾燥地では，物理的風化と化学的風化のどちらのほうが進行しやすいか。

B□❺ 石灰岩の化学的風化によってできた地形を何というか。

C□❻ 岩石の表面と内部において，膨張と収縮が異なると，表面が薄くはがれるように割れることがある。このような風化を何というか。

A□❼ 風化や侵食によって，岩石が壊されたものを砕屑物という。粒径が 2 mm 以上の砕屑物を何というか。

A□❽ 粒径が $2 \sim \frac{1}{16}$ mm の砕屑物を何というか。

A□❾ 粒径が $\frac{1}{16}$ mm 未満の砕屑物を何というか。

B□❿ 泥にはさらに分類されることがある。粒径が $\frac{1}{16} \sim \frac{1}{256}$ mm の砕屑物を何というか。

B□⓫ 粒径が $\frac{1}{256}$ mm 未満の砕屑物を何というか。

❶物理的風化
　（機械的風化）
❷膨張

❸化学的風化

❹物理的風化

❺カルスト地形

❻玉ねぎ状風化

❼礫

❽砂

❾泥

❿シルト

⓫粘土

● 温度が上がると岩石中の鉱物は膨張し，温度が下がると鉱物は収縮する。この変化が繰り返されるうちに，岩石は砕かれていく。また，水が氷になると体積が増えるので，岩石のすき間に水が入って凍結すると岩石は砕かれる。
このように，岩石が細かく砕かれるが，その成分が変化しないような風化を物理的風化（機械的風化）という。

● 石灰岩は二酸化炭素を含む水にとける性質がある。石灰岩が風化を受けると，鍾乳洞などができることがあり，このような地形をカルスト地形という。

● 鉱物が水にとけたり，化学反応によって鉱物が変化したりして，岩石が壊されていくことを化学的風化という。化学的風化は温暖で湿潤な地域で進行しやすい。

砕屑物	粒径
礫	2 mm 以上
砂	$2 \sim \frac{1}{16}$ mm
泥	$\frac{1}{16}$ mm 未満

第5章

河川のはたらき

B ☐ ❶ 河川が岩石や土砂を削る作用を何というか。

B ☐ ❷ 河川が土砂を下流へ運ぶ作用を何というか。

B ☐ ❸ 河川によって運ばれた土砂が海底などに集積することを何というか。

C ☐ ❹ 河川の侵食作用で，川底を掘り下げる侵食を何というか。

C ☐ ❺ 河川の侵食作用で，川幅を広げようとする侵食を何というか。

B ☐ ❻ 河川によって運搬されている礫，砂，泥がある。河川の流速が遅くなっていくとき，最初に堆積するのはどれか。

B ☐ ❼ 川底に礫，砂，泥が静止している。河川の流速が速くなっていくとき，最初に動き出すのはどれか。

A ☐ ❽ 山岳地帯では傾斜が急であるため，川の流れが速く川底の侵食が盛んである。このようにしてできた谷を何というか。

A ☐ ❾ 山地から平地にかけては，傾斜が急に緩やかになるため，河川の運搬作用が弱まる。このようなところで，運ばれてきた土砂が扇形に堆積することによってできた地形を何というか。

B ☐ ❿ 河川の中流などで，流路の両側に形成された階段状の地形を何というか。

B ☐ ⓫ 川の中流から下流にかけて，両岸への侵食が強くなって，河川が大きく曲がることを何というか。

B ☐ ⓬ 中流から下流にかけて，河川が氾濫することによって土砂が堆積した平野を何というか。

A ☐ ⓭ 河口付近で，上流から流れてきた砂などが堆積してできる地形を何というか。

❶侵食
❷運搬
❸堆積

❹下方侵食

❺側方侵食

❻礫

❼砂

❽V字谷

❾扇状地

❿河岸段丘

⓫蛇行

⓬氾濫原

⓭三角州

●河川は，侵食，運搬，堆積などの作用で，山を削り，土砂を海や湖に運ぶ。

●礫，砂，泥が河川によって運搬されているとき，河川の流速が遅くなっていくと，粒径の大きな礫が最初に堆積する。一方，粒径の小さな泥は遠くまで運ばれる。

●川底に礫，砂，泥が静止しているとき，河川の流速が速くなっていくと，砂が最初に動き出す。一方，粒径の大きな礫と粒径の小さな泥は動き出しにくい。

●山地では川の流れが速く，侵食が強くなるので，V字谷が形成される。

●河川が山地から平地に出ると，流れが急に遅くなるため，土砂が堆積して扇状地ができる。

●中流から下流にかけては，河川が蛇行し，流路沿いに自然堤防ができる。また，河口では流れが遅くなるため，土砂が堆積して三角州ができる。

第5章

堆積岩の分類

A☐ ❶ 岩石の破片，火山噴出物，生物の遺骸などが海底などに堆積して固まってできた岩石を何というか。

A☐ ❷ 海底や湖底などにある堆積物が，長い年月の間に圧縮され，脱水して緻密になり，粒子間に新しい鉱物ができることにより，かたい堆積岩になっていくことを何というか。

A☐ ❸ 直径 2 mm 以上の砕屑物が固まってできた堆積岩を何というか。

A☐ ❹ 直径 $2 \sim \dfrac{1}{16}$ mm の砕屑物が固まってできた堆積岩を何というか。

A☐ ❺ 直径 $\dfrac{1}{16}$ mm 未満の砕屑物が固まってできた堆積岩を何というか。

C☐ ❻ 泥岩のうち，特に直径 $\dfrac{1}{16} \sim \dfrac{1}{256}$ mm の砕屑物によって構成されている岩石を何というか。

B☐ ❼ 砕屑物が堆積してできた礫岩，砂岩，泥岩などの堆積岩を何というか。

A☐ ❽ フズリナ(紡錘虫)やサンゴなどの殻が堆積してできた岩石は何か。

A☐ ❾ ❽の岩石の主成分を化学式で答えよ。

A☐ ❿ 放散虫などの殻が堆積してできた岩石は何か。

A☐ ⓫ ❿の岩石の主成分を化学式で答えよ。

A☐ ⓬ 乾燥した地域で，湖面から水が蒸発すると，湖水の塩分が増加して，塩化ナトリウムが沈殿することがある。このようにしてできた岩石は何か。

A☐ ⓭ 火山灰が堆積してできた岩石は何か。

❶堆積岩

❷続成作用

● 礫・砂・泥などの砕屑物が堆積して固結した岩石を砕屑岩という。砕屑岩はそれを構成する砕屑物の粒径の大きさによって，大きいほうから礫岩・砂岩・泥岩に分けられる。

❸礫岩

❹砂岩

● 海や湖にとけている物質が沈殿することによってできた岩石を化学岩という。海水中の炭酸カルシウム($CaCO_3$)が沈殿すると石灰岩ができ，二酸化ケイ素(SiO_2)が沈殿するとチャートができる。また，湖水中の塩化ナトリウム($NaCl$)が沈殿すると岩塩ができる。

❺泥岩

❻シルト岩

● 生物の遺骸を主な成分としてできた岩石を生物岩という。サンゴやフズリナなどの $CaCO_3$ を主成分とする生物が集積すると石灰岩ができ，放散虫などの SiO_2 を主成分とする生物が集積するとチャートができる。

❼砕屑岩

❽石灰岩

❾ $CaCO_3$

❿チャート

⓫ SiO_2

⓬岩塩

● 火山噴出物が堆積して固結した岩石を火山砕屑岩または火砕岩という。火山灰が固結した凝灰岩や火山岩塊と火山灰が固結した凝灰角礫岩などがある。

⓭凝灰岩

第5章

45 地層と堆積構造

A ☐ ❶ 　地層と地層の境界面を何というか。

A ☐ ❷ 　古い地層が下位に，新しい地層が上位に重なることを何というか。

A ☐ ❸ 　水流が向きや速さを変化させる場所に砕屑物が堆積するときに，図5-1のように1枚の地層の中に層理面と斜交した細かな縞模様ができることがある。このような堆積構造を何というか。

図5-1

A ☐ ❹ 　図5-2のように，1枚の地層の中で，下位から上位に向かって粒径が細かくなっていく構造を何というか。

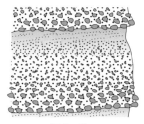

図5-2

B ☐ ❺ 　多量の砂や泥を含んだ水が海底の斜面を流れ下り，海洋底に砂と泥の互層をつくることがある。この流れを何というか。

B ☐ ❻ 　砕屑物が混濁流によって運ばれ，海底に堆積してできた地層を何というか。

B ☐ ❼ 　地層の上面に，水流によってできた波形の模様を何というか。

❶層理面(地層面)
❷地層累重の法則

❸斜交葉理
(クロスラミナ)

● 新しい地層は古い地層の上に堆積してできるので，地層は上位になるほど新しくなる。これを地層累重の法則という。また，地層が堆積した順序を層序という。

● 地層が褶曲している場合には，古い地層が見かけ上，上位になることがある。これを地層の逆転という。

● 粒子は，運搬されて堆積するときに，水や風のはたらきによって地層の中にいろいろな模様をつくることがあり，これを堆積構造という。

❹級化層理(級化構造)

● 斜交葉理(クロスラミナ)，級化層理，漣痕(リプルマーク)などの堆積構造は，その模様や粒子の配列によって，地層の上下を判定することができる。

❺混濁流(乱泥流)

● 大陸棚に堆積した砂や泥は，水とともに大陸斜面を流れ下り，海洋底に砂泥互層を形成する。この流れを混濁流(乱泥流)という。混濁流が砕屑物を運び，これが海底に堆積してできた地層をタービダイトという。

❻タービダイト

❼漣痕
(リプルマーク)

A☐❶　過去の生物の遺骸（いがい）や住みかなど，生物の存在を示す証拠となるものを何というか。

A☐❷　地層が堆積した当時の環境を示す化石を何というか。

A☐❸　造礁性サンゴはどのような海に生息していた生物か。

A☐❹　地層が堆積した時代を示す化石を何というか。

A☐❺　三葉虫やフズリナ（紡錘虫）はどの地質時代に生息していた生物か。

A☐❻　アンモナイトやトリゴニアはどの地質時代に生息していた生物か。

A☐❼　ビカリアやカヘイ石（せき）はどの地質時代に生息していた生物か。

B☐❽　個体数の多い生物と少ない生物では，どちらのほうが示準化石として適しているか。

B☐❾　種の生存期間が長い生物と短い生物では，どちらのほうが示準化石として適しているか。

B☐❿　生息範囲の広い生物とせまい生物では，どちらのほうが示準化石として適しているか。

B☐⓫　生活環境の広い生物とせまい生物では，どちらのほうが示相化石として適しているか。

A☐⓬　足跡や巣穴など，生物が生活していた痕跡（こんせき）が地層などに残されたものを何というか。

C☐⓭　現在生息している生物であり，古い時代の地層からも見つかる化石を何というか。

B☐⓮　古生物の体全体またはその一部が化石になったものを何というか。

C☐⓯　植物の葉の化石のように，動植物の外形や輪郭のみが化石となったものを何というか。

❶化石

❷示相化石

❸温暖な浅い海

❹示準化石（標準化石）
❺古生代

❻中生代

❼新生代

❽個体数の多い生物

❾種の生存期間が短い
　生物
❿生息範囲の広い生物

⓫生活環境のせまい生
　物
⓬生痕化石

⓭生きている化石

⓮体化石

⓯印象化石

● 地層が堆積した当時の環境を示す
化石を示相化石という。示相化石
は，生物が特定の環境に生息し，
死後に移動しないものである。

● 造礁性サンゴは温暖な浅海に生息
し，死後にその場で堆積するため，
示相化石に適している。

● 地層が堆積した時代を示す化石を
示準化石（標準化石）という。示準
化石は，生物の個体数が多く，種
の生存期間が短く，生息範囲の広
いものが適している。

● 代表的な示準化石として，古生代
の三葉虫，フデイシ，フズリナ
（紡錘虫），中生代のアンモナイト，
イノセラムス，トリゴニア，新生
代のビカリア，カヘイ石，ナウマ
ンゾウなどがある。

● 放散虫や有孔虫は個体数が多く，
広い範囲に分布し，種の生存期間
が短い（種の進化速度が速い）生物
であり，示準化石として利用され
ることが多い。

● 裸子植物のイチョウや針葉樹のメ
タセコイアは，過去の地質時代の
地層から化石として見つかり，現
在も生息しているため，生きてい
る化石とよばれる。

第5章

47 地層の対比

A☐❶ 上下の地層が時間間隔をあけずに連続して堆積した層の重なり方を何というか。

A☐❷ 下の地層が侵食されたあとに上の地層が堆積したとき，その境界に不連続面が形成される。このような地層の重なり方を何というか。

A☐❸ 図5-3のように，下位の地層と上位の地層の傾斜がほぼ等しい不整合を何というか。

A☐❹ 図5-4のように，下位の地層と上位の地層の傾斜が異なる不整合を何というか。

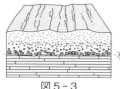
図5-3

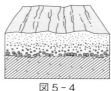
図5-4

B☐❺ 不整合面の上には下位の地層が侵食されてできた礫や礫岩があることが多い。この礫や礫岩を何というか。

A☐❻ 離れた地域の地層を比較して，同じ時代の地層を決めることを何というか。

B☐❼ 地層の対比に役立つのは，示相化石を含む地層と示準化石を含む地層のどちらか。

C☐❽ 同じ種類の化石を含む地層は，同じ時代のものとみなすことができる。この法則を何というか。

B☐❾ 火山噴出物のうち，広い範囲に堆積する性質があり，地層の対比に利用できるものは何か。

A☐❿ 地層の対比に役立つ地層を何というか。

解　答	解　説

❶整合
せいごう

❷不整合
ふ せいごう

❸平行不整合
へいこう

❹傾斜不整合
けいしゃ

● 上下の地層があまり時間間隔をあけずに連続して堆積した地層の重なり方を整合，下の地層が侵食されたあとに上の地層が堆積してできた地層の重なり方を不整合という。特に，不整合面の上下の地層の層理面が平行であるものを平行不整合，層理面の傾きが異なっているものを傾斜不整合という。不整合面の上には基底礫岩が見られることが多い。

● 離れた地域の地層を比較して，同じ時代の地層を決めることを地層の対比という。地層の対比には，火山灰の地層や示準化石を含む地層が利用される。

❺基底礫岩
き ていれきがん

❻地層の対比
たい ひ

❼示準化石を含む地層

❽地層同定の法則
どうてい

❾火山灰
か ざんばい

❿鍵層
かぎそう

● 地層の対比に役立つ地層を鍵層という。鍵層となる条件は，比較的短期間に広範囲に堆積し，他の地層とはっきり区別できることである。火山灰の地層は，このような条件を満たしているので鍵層として利用される。離れた地域において，同じ種類の鉱物や火山ガラスを含む火山灰層が見つかれば，それらの地層は同じ時代に堆積したものと考えられる。

第5章

テーマ 48 | 地質時代の区分

A☐❶ 図5-5は地質時代の区分を示したものである。
Aに入る地質時代の名称を答えよ。
C☐❷ Bに入る地質時代の名称を答えよ。
C☐❸ Cに入る地質時代の名称を答えよ。
A☐❹ Dに入る地質時代の名称を答えよ。
A☐❺ Eに入る地質時代の名称を答えよ。
A☐❻ Fに入る数字を答えよ。
B☐❼ Gに入る数字を答えよ。
A☐❽ Hに入る地質時代の名称を答えよ。
A☐❾ Iに入る地質時代の名称を答えよ。
A☐❿ Jに入る地質時代の名称を答えよ。
B☐⓫ Kに入る数字を答えよ。
A☐⓬ 古生代よりも古い時代を何というか。
B☐⓭ 古生代〜新生代は化石の産出が豊富な時代である。
この時代を何というか。

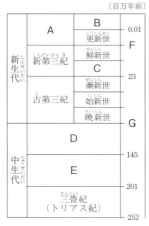
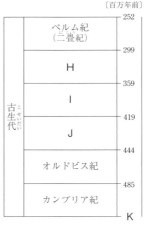

図5-5 地質時代の区分

解答

❶ 第四紀
だいよん き

❷ 完新世
かんしんせい

❸ 中新世
ちゅうしんせい

❹ 白亜紀
はく あ き

❺ ジュラ紀

❻ 2.6

❼ 66

❽ 石炭紀

❾ デボン紀

❿ シルル紀

⓫ 541

⓬ 先カンブリア時代
せん

⓭ 顕生代
けんせいだい

解説

● 地質時代の区分は，それまで生息していた生物の絶滅や新しい生物の出現の時期を境にしている。このように生物の進化にもとづいて区分した年代を相対年代という。

● 地質時代の区分単位は，大きい区分から順に，代，紀，世が用いられる。

● 地球は今から約46億年前に誕生し，地球が誕生してから5億4100万年前までを先カンブリア時代，5億4100万年前から2億5200万年前までを古生代，2億5200万年前から6600万年前までを中生代，6600万年前から現在までを新生代という。

● 古生代は古いほうから，カンブリア紀，オルドビス紀，シルル紀，デボン紀，石炭紀，ペルム紀に区分され，中生代は古いほうから三畳紀，ジュラ紀，白亜紀に区分されている。また，新生代は古いほうから，古第三紀，新第三紀，第四紀に区分されている。

● 岩石などが形成された時期を，何年前という具体的な数値で示した年代を絶対年代という。

第5章

A ☐ ❶ 約 46 億〜40 億年前の地質時代を何というか。

A ☐ ❷ 原始地球の原材料となった微惑星から放出されたガス成分によってできた地球の初期の大気を何というか。

B ☐ ❸ 冥王代の地球の大気の主成分は，水蒸気ともう 1 つは何か。

A ☐ ❹ 冥王代に地球の表面を覆っていたマグマを何というか。

B ☐ ❺ 冥王代の地球内部で，中心へ移動していった物質は何か。

A ☐ ❻ 約 40 億年前に，大気中の水蒸気が雨となって降り形成されたものは何か。

B ☐ ❼ 海が形成された後に，海水に大量に吸収された大気中の成分は何か。

A ☐ ❽ 約 40 億〜25 億年前の地質時代を何というか。

B ☐ ❾ 地球最古の岩石は何億年前に形成されたものか。

B ☐ ❿ 水中に噴出して形成され，地球に海が存在していたことを示す証拠となっている溶岩は何か。

B ☐ ⓫ 生物の形を残した最も古い化石は約何億年前のものか。

A ☐ ⓬ 遅くとも約 27 億年前までには出現し，最初に光合成を始めた原核生物は何か。

A ☐ ⓭ シアノバクテリアの遺骸が炭酸カルシウムとともに固結してできたドーム状の岩石を何というか。

❶冥王代（めいおうだい）
❷原始大気（げんしたいき）

❸二酸化炭素

❹マグマオーシャン

❺鉄

❻原始海洋

❼二酸化炭素

❽太古代
❾約 40 億年前
❿枕状溶岩

⓫約 35 億年前

⓬シアノバクテリア

⓭ストロマトライト

●先カンブリア時代のうち，約 46 億〜40 億年前を冥王代，約 40 億〜25 億年前を太古代（たいこだい）という。

●約 46 億年前に，微惑星が衝突・合体をくり返して原始地球が誕生した。微惑星に含まれていたガス成分が放出され，水蒸気と二酸化炭素を主成分とする原始大気を形成した。

●微惑星の衝突によって発生した熱と，水蒸気と二酸化炭素を主成分とする大気の温室効果によって，原始地球の表面が高温となり，岩石がとけてマグマオーシャンが形成された。

●太古代には酸素発生型の光合成を行うシアノバクテリアが出現した。シアノバクテリアの遺骸は炭酸カルシウムとともに固結して，ストロマトライトとよばれるドーム状の岩石を形成した。

現在のシアノバクテリア

A ☐ ❶ 　約 25 億〜5 億 4100 万年前の地質時代を何とい
　　　うか。

A ☐ ❷ 　約 27 億〜22 億年前に，海水中の鉄イオンと酸
　　　素が結合してできた酸化鉄が，海底に大量に堆積し
　　　てできた地層を何というか。

A ☐ ❸ 　約 23 億〜22 億年前と約 7.5 億〜6 億年前に，地
　　　球のほぼ全体が氷で覆われた状態を何というか。

B ☐ ❹ 　氷河に取り込まれて海へ運ばれてきた礫が，海
　　　上で氷山がとけて落下し，海底の堆積物にめり込ん
　　　だものを何というか。

B ☐ ❺ 　真核生物の最古の化石は，約何億年前の地層か
　　　ら発見されたか。

A ☐ ❻ 　図 5-6 は約 5.8 億年前の地層から発見された大
　　　型の生物群の復元図である。この生物群の名称を答
　　　えよ。

図 5-6　約 5.8 億年前の地層から発見された生物群

B ☐ ❼ 　図の A の生物の名称を答えよ。

B ☐ ❽ 　図の B の生物の名称を答えよ。

❶原生代
げんせいだい

❷縞状鉄鉱層
しまじょうてっこうそう

❸全球凍結
ぜんきゅうとうけつ
（スノーボールアース）

❹ドロップストーン

❺約 21 億年前

❻エディアカラ生物群

● 先カンブリア時代のうち，約 25 億〜5 億 4100 万年前を原生代という。

● 太古代末期から原生代初期にかけて，シアノバクテリアの光合成によって，海水中には酸素が増加していった。酸素は海水中にとけていた鉄イオンと結合して酸化鉄となり，海底に堆積して大規模な縞状鉄鉱層を形成した。

● 地球のほぼ全体が氷で覆われた状態を全球凍結（スノーボールアース）という。約 23 億〜22 億年前（原生代初期）の全球凍結の後には，光合成が活発になり，海水中に酸素が増加していった。生物は酸素を利用してエネルギーを得るようになり，約 21 億年前には真核生物が出現した。

● 約 5.8 億年前の地層からエディアカラ生物群とよばれる大型の生物の化石が発見されている。エディアカラ生物群はやわらかい組織をもち，偏平な形態のものが多い。

❼カルニオディスクス
❽ディキンソニア

第5章

古生代カンブリア紀〜オルドビス紀

A☐❶ 古生代は今から約何年前に始まったか。

A☐❷ 古生代は6つの時代に区分できるが、その最初の時代を何というか。

B☐❸ 古生代カンブリア紀に無脊椎動物が爆発的に出現し、多様化した出来事を何というか。

A☐❹ 中国南部のカンブリア紀の地層から発見された化石群を何というか。

A☐❺ カナダ西部のカンブリア紀の頁岩から発見された化石群を何というか。

B☐❻ バージェス動物群のうち、5つの目をもつ体長数cmの動物の名称を答えよ。

A☐❼ 図5-7は何という生物か。

A☐❽ 図5-8は何という生物か。

B☐❾ 図5-9は何という生物か。

図5-7　　　　　図5-8　　　　　図5-9

B☐❿ バージェス動物群の三葉虫、アノマロカリス、ハルキゲニア、オパビニアのうち、体長が最も大きいものはどれか。

A☐⓫ 三葉虫が出現した時代はいつか。

B☐⓬ 植物のコケ類や節足動物が陸上に進出した時代はいつか。

C☐⓭ 顎のない魚類のコノドントが出現した時代はいつか。

解　答

解　説

❶約5億4100万年前
❷カンブリア紀

❸カンブリア爆発

❹澄江動物群

❺バージェス動物群

❻オパビニア

❼三葉虫
❽アノマロカリス
❾フデイシ

❿アノマロカリス

⓫カンブリア紀
⓬オルドビス紀

⓭カンブリア紀

● 約5億4100万年前に始まる古生代は6つの時代に区分され，その最初の時代をカンブリア紀，その次の時代をオルドビス紀という。

● カンブリア紀には多くの無脊椎動物が爆発的に出現した。中国南部の地層から発見された化石群は澄江動物群，カナダ西部の地層から発見された化石群はバージェス動物群とよばれる。

● バージェス動物群の代表的な生物として，三葉虫，アノマロカリス，オパビニア，ハルキゲニア，ピカイアなどがある。これらは無脊椎動物であり，かたい殻をもつものが多い。体長は，アノマロカリスが数十cm，三葉虫，オパビニア，ハルキゲニア，ピカイアなどは数cm程度である。

● 三葉虫は古生代のカンブリア紀〜ペルム紀に生息していた節足動物である。

● カンブリア紀に出現したフデイシ，サンゴ，コノドントなどは，オルドビス紀に繁栄した。

● 床板サンゴの仲間であるクサリサンゴは，古生代のオルドビス紀からシルル紀に生息していた。

第5章

A☑❶ 古生代は6つの時代に区分できる。古いほうから3つ目の時代を何というか。

A☑❷ 古生代は6つの時代に区分できる。古いほうから4つ目の時代を何というか。

A☑❸ 図5-10は，植物体の化石が残る最古の陸上植物である。その名前を答えよ。

C☑❹ デボン紀の初期に生息し，維管束を発達させ，シダ植物の祖先となった植物は何か。

B☑❺ カンブリア紀に出現し，デボン紀に多様化した脊椎動物を答えよ。

B☑❻ 脊椎動物が最初に上陸した時代はいつか。

B☑❼ 図5-11は，デボン紀に陸上に進出した脊椎動物（両生類）である。この生物の名前を答えよ。

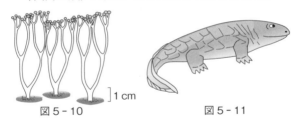

図5-10]1cm　　　　　図5-11

B☑❽ 生物が陸上で生活するために必要なもので，上空で太陽からの有害な紫外線を吸収する物質は何か。

C☑❾ 原始的な両生類のアカントステガが出現した時代はいつか。

C☑❿ 裸子植物が出現した時代はいつか。

C☑⓫ アンモナイト類が出現した時代はいつか。

解　答	解　説

❶ シルル紀

❷ デボン紀

❸ クックソニア

❹ リニア

❺ 魚類

❻ デボン紀
❼ イクチオステガ

● 先カンブリア時代に光合成生物が出現した後，大気中に酸素が増え始めた。酸素は紫外線の作用でオゾンとなり，上空にオゾン層を形成した。

● 古生代の中頃までには，上空にオゾン層が形成され，生物に有害な太陽からの紫外線が上空で吸収されるようになったため，古生代の中頃に生物が次々と陸上に進出した。

● 植物体の化石が残る最古の陸上植物であるクックソニアはシルル紀に出現し，その後，陸上ではシダ植物が大型化していった。

● 植物は維管束を発達させ，水の少ない陸上での生活に適応した。

● デボン紀には，魚類から進化した両生類のイクチオステガが上陸した。ただし，イクチオステガはほとんどの時間を水中で過ごしていたと考えられている。

❽ オゾン

❾ デボン紀

❿ デボン紀
⓫ デボン紀

● デボン紀の陸上では，プシロフィトンなどのシダ植物が繁栄した。また，デボン紀の地層からは裸子植物の化石が見つかっている。

第5章

古生代石炭紀〜ペルム紀

A ☑ **❶** 古生代は6つの時代に区分できる。古いほうから5つ目の時代を何というか。

A ☑ **❷** 古生代は6つの時代に区分できる。そのうち最も新しい時代を何というか。

B ☑ **❸** 図5-12は石炭紀に繁栄したシダ植物である。その名前を答えよ。

B ☑ **❹** 古生代後期のシダ植物がもとになった化石燃料は何か。

A ☑ **❺** 図5-13は古生代の石炭紀からペルム紀にかけての海で繁栄した生物である。その名前を答えよ。

図5-12　　　　　　　　図5-13

B ☑ **❻** デボン紀と比べて，石炭紀の二酸化炭素濃度はどうであったか。

B ☑ **❼** 石炭紀の大気中の酸素濃度は，どのように変化したか。

B ☑ **❽** 両生類から進化した爬虫類が出現した時代はいつか。

C ☑ **❾** 哺乳類の祖先と考えられている単弓類が出現した時代はいつか。

A ☑ **❿** ペルム紀に出現した超大陸の名称を答えよ。

A ☑ **⓫** 古生代末に多くの生物が姿を消した出来事を何というか。

❶石炭紀

❷ペルム紀(二畳紀)

❸ロボク

❹石炭

❺フズリナ(紡錘虫)

●石炭紀には，ロボク，リンボク，フウインボクなどのシダ植物が繁栄し，大森林を形成した。これらの多くの植物は，地層中に埋没し，石炭のもとになった。

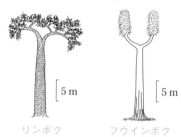

リンボク　　　　　フウインボク

●石炭紀からペルム紀にかけて(約3億年前)，シダ植物の光合成によって，大気中の二酸化炭素濃度は減少し，酸素濃度は増加した。

❻低かった

●爬虫類は古生代石炭紀に出現し，中生代に繁栄した。

❼上昇した

❽石炭紀

●石炭紀からペルム紀にかけての海では，フズリナ(紡錘虫)が繁栄したが，古生代末には絶滅した。

❾石炭紀

❿パンゲア
⓫大量絶滅

●多くの生物が短期間のうちに姿を消すことを大量絶滅という。ペルム紀末には，地球の歴史上最大規模の大量絶滅が起こり，三葉虫やフズリナなどが姿を消した。

第5章

A☑❶　中生代は約何年前に始まるか。

A☑❷　中生代は3つの時代に区分される。その最初の
　　　時代を何というか。

B☑❸　中生代にはどのような動物が繁栄したか。

B☑❹　中生代にはどのような植物が繁栄したか。

A☑❺　中生代に陸上に繁栄した大型の爬虫類を何という
　　　か。

A☑❻　図5-14は中生代に栄えた生物の化石である。
　　　何という生物か。

図5-14

B☑❼　二枚貝のモノチスが繁栄した時代はいつか。

C☑❽　哺乳類が出現した時代はいつか。

C☑❾　始祖鳥が出現した時代はいつか。

C☑❿　中生代の二酸化炭素の濃度は，現在と比べてどう
　　　であったか。

B☑⓫　中生代のプランクトンなどの大量の生物が地層に
　　　埋没してできた化石燃料は何か。

A☑⓬　中生代末に，恐竜やアンモナイトなどの多くの生
　　　物が絶滅した。その原因と考えられている出来事は
　　　何か。

A☑⓭　イノセラムスやトリゴニアはどの時代の終わり
　　　に絶滅したか。

❶ 約 2 億 5200 万年前

❷ 三畳紀
（トリアス紀）

❸ 爬虫類

❹ 裸子植物

❺ 恐竜

❻ アンモナイト

● 中生代は約 2 億 5200 万年前から 6600 万年前までの時代であり，古いほうから，三畳紀（トリアス紀），ジュラ紀，白亜紀の 3 つに区分される。

● 中生代には裸子植物が繁栄し，被子植物が出現した。

● 中生代の陸上には爬虫類の恐竜が出現し，海ではアンモナイトが繁栄した。また，始祖鳥はジュラ紀に出現した。

● 中生代の代表的な示準化石として，モノチス，イノセラムス，トリゴニアなどがある。

❼ 三畳紀

❽ 三畳紀

❾ ジュラ紀

❿ 高かった

⓫ 石油

⓬ 隕石の衝突

⓭ 白亜紀

├──────┤
1 cm

トリゴニア

● 中生代末に恐竜やアンモナイトなどの多くの生物が絶滅した。その原因は，隕石の衝突によって急激な気候変動が起こったためと考えられている。

A☐❶　新生代は今から約何年前に始まるか。

A☐❷　新生代は3つの時代に区分される。最も古い時代を何というか。

C☐❸　古第三紀と新第三紀の境界は約何年前か。

A☐❹　新生代にはどのような動物が繁栄したか。

A☐❺　新生代にはどのような植物が繁栄したか。

A☐❻　図5-15は古第三紀に繁栄した大型の有孔虫である。この生物の名称を答えよ。

A☐❼　図5-16は新第三紀に繁栄した巻き貝である。この生物の名称を答えよ。

図5-15　　　　　　　　　図5-16

B☐❽　カヘイ石はどのような環境に生息していたか。

B☐❾　ビカリアはどのような環境に生息していたか。

B☐❿　哺乳類のデスモスチルスが生息していた時代はいつか。

B☐⓫　約3000万年前を境に，気候は温暖化と寒冷化のどちらに変化したか。

C☐⓬　二足歩行をしていた最古の人類(猿人)が出現したのは約何万年前か。

B☐⓭　猿人の化石が主に発見されている場所はどこか。

解　答	解　説

❶約 6600 万年前
❷古第三紀

❸約 2300 万年前
❹哺乳類
❺被子植物
❻カヘイ石

❼ビカリア

❽温暖な浅い海
❾汽水域
❿新第三紀

⓫寒冷化

⓬約 700 万年前

⓭アフリカ

● 新生代は 3 つの時代に区分され，6600 万年前から 2300 万年前までを古第三紀，2300 万年前から 260 万年前までを新第三紀，260 万年前から現在までを第四紀という。

● 古第三紀は古いほうから暁新世，始新世，漸新世の 3 つに区分され，新第三紀は，古いほうから中新世，鮮新世の 2 つに区分される。

● 新生代は，哺乳類や被子植物が繁栄した時代である。古第三紀には大形有孔虫のカヘイ石，新第三紀には巻き貝のビカリアが繁栄した。カヘイ石は温暖な浅い海に，ビカリアは海水と淡水が混ざった汽水域に生息していた。また，新第三紀の北太平洋沿岸地域には，哺乳類のデスモスチルスが生息していた。

● 約 700 万年前に初期の猿人であるサヘラントロプスが出現した。また，約 400 万年前には猿人であるアウストラロピテクスが出現した。サヘラントロプスやアウストラロピテクスは直立二足歩行をしていたと考えられている。

第5章

A☑❶　新生代第四紀は，今から約何年前に始まるか。

C☑❷　第四紀は約1万年前を境に2つの時代に区分される。古いほうの時代を何というか。

C☑❸　第四紀は2つの時代に区分される。新しいほうの時代を何というか。

C☑❹　第四紀の中期更新世にあたる地質時代の名称を答えよ。

A☑❺　地球の気候が寒冷化し，大陸氷河や山岳氷河が拡大する時期を何というか。

A☑❻　氷期と氷期の間の比較的温暖な時期を何というか。

B☑❼　過去70万年の間に，氷期と間氷期はどのくらいの周期でくり返したか。

B☑❽　氷期には，海水面の高さはどのように変化するか。

B☑❾　ナウマンゾウはどのような気候のもとで生息していたか。

C☑❿　陸地を広く覆う氷河を氷床という。現在，氷床が分布している地域を2つ答えよ。

C☑⓫　約6000年前の縄文時代をピークに，海水面が上昇した現象を日本では何とよんでいるか。

B☑⓬　約190万年前に出現し，アフリカ大陸からユーラシア大陸へ進出した原人とよばれる化石人類を何というか。

C☑⓭　約20万〜3万年前にヨーロッパに進出した旧人とよばれる人類を何というか。

A☑⓮　約20万年前に出現した現代人の直接の祖先で，新人とよばれる人類を何というか。

解　答	解　説
❶約 260 万年前	●新生代第四紀は，約 260 万年前から現在までの時代で，更新世と完新世に区分される。
❷更新世（こうしんせい）	
❸完新世（かんしんせい）	
❹チバニアン	●第四紀の中期更新世（77.4 万〜12.9 万年前）の地質時代をチバニアンという。
❺氷期（ひょうき）	●第四紀は，寒冷な氷期と温暖な間氷期をくり返した時代であり，過去 70 万年の間，氷期と間氷期は約 10 万年周期でくり返した。
❻間氷期（かんぴょうき）	
❼約 10 万年	
❽低くなる	●氷期には大陸氷河（氷床）や山岳氷河が拡大し，海水面が低下する。一方，間氷期には陸上の氷がとけて海に流れ込み，海水面が上昇する。約 2 万年前の最終氷期には，海水面が現在よりも約 120 m 低かった。
❾寒冷な気候	
❿南極大陸・グリーンランド	
⓫縄文海進（じょうもんかいしん）	
⓬ホモ・エレクトス	●第四紀には，ナウマンゾウ，マンモス，オオツノジカなどの哺乳類が生息していた。
⓭ネアンデルタール人	●約 700 万年前に出現した最古の人類（猿人）は，直立歩行をしていた。その後，約 190 万年前にはホモ・エレクトス（原人）が出現し，約 20 万年前には現代人の直接の祖先であるホモ・サピエンス（新人）が出現した。
⓮ホモ・サピエンス	

第5章

地震災害

A ☐ **❶** 砂の地盤が，地震動によって，地下水とともに液体のようにふるまう現象を何というか。

B ☐ **❷** 地盤が地震によって液状化し，砂と水が混ざった泥水が吹き出す現象を何というか。

B ☐ **❸** 液状化現象によって，地盤に含まれていた水が流出すると，地盤は浮上するか，それとも沈下するか。

A ☐ **❹** 海底の急激な隆起や沈降に伴って，その上の海面が上昇したり，下降したりすることによって生じる波長の長い波を何というか。

B ☐ **❺** 津波の伝わる速度は，水深が浅いほどどうなるか。

B ☐ **❻** 水深が浅くなると，津波の波高はどのように変化するか。

B ☐ **❼** 震源に近い観測点でP波をとらえ，大きな揺れが起こることを可能な限り早く伝えるシステムを何というか。

B ☐ **❽** 地震や大雨などによって，急斜面が崩れ落ちる現象を何というか。

A ☐ **❾** 大雨に伴う水とともに土砂や岩塊が，一気に下流へ流される現象を何というか。

A ☐ **❿** 土地の一部が地下のすべり面に沿って下方へ移動する現象を何というか。

B ☐ **⓫** 地すべりが起こったときのすべり面は，どのような地層であることが多いか。

❶液状化現象

❷噴砂

❸沈下する

❹津波

❺遅くなる
❻高くなる

❼緊急地震速報

❽崖崩れ
　（斜面崩壊）
❾土石流

❿地すべり

⓫粘土層

●液状化現象は，河川沿いの地域や埋め立て地などの地下水を含む砂の地盤で起こりやすい。液状化が起こると，砂と水が混ざった泥水が吹き出したり，地盤が沈下したりすることがある。

●海底の急激な隆起や沈降によって，その上の海面が上昇したり，下降したりすることによって生じる波長の長い波を津波という。津波はV字型の湾の奥などで高くなることが多い。

●日本では，地震や大雨によって土砂災害が起こりやすい。急な斜面が崩れ落ちる現象を崖崩れ（斜面崩壊）という。

●大雨に伴う水とともに土砂や岩塊が，一気に下流へ流される現象を土石流という。土石流は高速で流れ，大きな岩塊を遠くまで運ぶこともある。

●土地の一部がすべり面に沿って下方へ移動する現象を地すべりという。粘土層は水を通しにくくすべりやすいため，粘土層の上の地盤が滑り落ちることが多い。

第6章

A☐❶ 地下のマグマが地表に噴出し，山腹を流れ下る
現象を何というか。

A☐❷ 高温の火山ガスが，火山灰や軽石などの火山砕
屑物とともに，高速で山腹を流れ下る現象を何とい
うか。

B☐❸ 噴火によって火口から吹き飛ばされた火山礫や
火山岩塊を何というか。

B☐❹ 雨が降ったり，火山を覆う雪がとけたりして，
火山砕屑物（火山灰など）が水と混ざって流れ下る現
象を何というか。

C☐❺ 地震や火山噴火によって山体が崩壊し，岩塊が
砕けながら高速で流れ下る現象を何というか。

A☐❻ 図6−1は，富士山のある火口において，火砕流
が発生したときの流下範囲を予想したものである。
火砕流などの想定された災害の範囲を示した地図を
何というか。

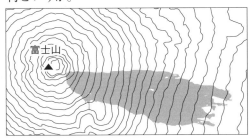

富士山

図6−1 火砕流の流下範囲の予測図

C☐❼ 火山周辺において，地下のマグマの移動などの
火山活動に関連して発生する地震を何というか。

❶溶岩流

❷火砕流

❸噴石

❹火山泥流

❺岩屑流
（岩屑なだれ）

❻ハザードマップ

❼火山性地震

● 地下のマグマが地表に噴出し，溶岩となって地表を流れ下る現象を溶岩流という。溶岩流は，粘性の小さい玄武岩質マグマが噴出したときに起こりやすい。

● 高温の火山ガスが，火山灰や軽石などの火山砕屑物とともに，高速で山腹を流れ下る現象を火砕流という。1991 年に雲仙普賢岳（長崎県）では，溶岩ドームが崩壊して火砕流が発生した。火砕流は約 100 km/時で流れ下ることもある。

（雲仙普賢岳：島原市提供）

● 想定される災害の範囲を示した災害予測図をハザードマップという。ハザードマップは火山災害だけでなく，地震，津波，土砂災害，河川の洪水などに関しても作成されている。

A☑❶ 熱帯の海面水温の高い海域で発生する低気圧を
何というか。

A☑❷ 北太平洋の西部で発生し，中心付近の最大風速が
約 17 m/s 以上の熱帯低気圧を何というか。

B☑❸ 台風の中心付近の下層では，時計回りと反時計回
りのどちら向きに風が吹き込んでいるか。

B☑❹ 台風の中心付近の上層では，時計回りと反時計回
りのどちら向きに風が吹き出しているか。

B☑❺ 台風のエネルギー源は何か。

B☑❻ 台風は北太平洋高気圧の東側と西側のどちら側の
縁をまわるように北上するか。

B☑❼ 中緯度まで北上した台風は，一般にどの方向に進
んでいくか。

B☑❽ 熱帯低気圧の周辺で発達している雲の名称を答え
よ。

A☑❾ 台風の中心に近づくと，風が弱くなり，青空が見
えることもある。このような台風の中心部分を何と
いうか。

A☑❿ 台風の接近に伴う気圧の低下や強風によって，海
面が上昇する現象を何というか。

A☑⓫ 東アジアの砂漠の砂が，偏西風によって運ばれ降
下する現象を何というか。

B☑⓬ 同じ場所で積乱雲が次々と発生することによって，
局地的に短時間に降る大雨を何というか。

B☑⓭ 積乱雲の下で発生する渦巻き状の激しい上昇気流
を何というか。

B☑⓮ 山岳部に積もった雪が下方へ滑り落ちる現象を何
というか。

❶熱帯低気圧

❷台風

❸反時計回り

❹時計回り

❺潜熱（せんねつ）
❻西側

❼北東

❽積乱雲（せきらんうん）

❾台風の目

❿高潮（たかしお）

⓫黄砂現象（こうさ）

⓬集中豪雨

⓭竜巻（たつまき）

⓮雪崩（なだれ）

● 熱帯低気圧は主に緯度 5°〜20°の海面水温（かいめん）が高い海域で発生する。熱帯低気圧は，温暖前線や寒冷前線を伴わない。

● 熱帯低気圧のうち，北太平洋で中心付近の最大風速が約 17 m/s 以上になったものを台風という。台風の中心付近の下層では反時計回りに渦を巻きながら風が吹き込み，上層では時計回りに渦を巻きながら風が吹き出す。

台風の目
積乱雲

● 台風のエネルギー源は水蒸気が凝結するときに放出される潜熱（凝結熱）（けつねつ）であるから，台風が上陸すると，水蒸気が供給されなくなり，勢力が弱まる。

● 集中豪雨は，暖かく湿った空気が流れ込む夏季に起こりやすい。また，雪の積もった山岳部では，春に暖かい南風が吹くと雪崩が起こりやすくなる。

第6章

地球温暖化

A□ **①** 石炭や石油などの化石燃料を燃やすことによって発生する気体は何か。

A□ **②** 最近100年間の地球全体の平均気温は上昇している。この現象を何というか。

A□ **③** 図6-2は，大気中のある微量成分の濃度を示したものである。その微量成分とは何か。

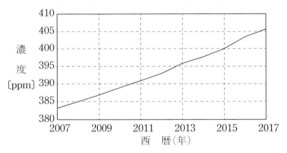

図6-2　大気中のある微量成分の濃度

B□ **④** 400 ppm を％の単位で表すと，どのようになるか。

B□ **⑤** 日本における大気中の二酸化炭素濃度は，春から夏にかけてどのように変化するか。

B□ **⑥** 森林の伐採によって，大気中の二酸化炭素濃度はどのように変化するか。

B□ **⑦** 地球の温暖化によって極域の氷がとけると，地球が吸収する太陽放射エネルギーはどのように変化するか。

B□ **⑧** 地球の温暖化によって地中のメタンが放出されると，温暖化は強められるか，弱められるか。

解 答

❶二酸化炭素

❷地球温暖化

❸二酸化炭素

❹0.04%

❺減少する

❻増加する

❼増加する

❽強められる

解 説

- 石炭や石油などの化石燃料の消費によって、大気中の二酸化炭素が増加すると、温室効果が強まり、地球の平均気温が上昇すると考えられる。長期間にわたって、地球全体の平均気温が上昇することを地球温暖化という。最近100年間の地球全体の平均気温は約0.7℃上昇している。

- 1750年には約280 ppmであった大気中の二酸化炭素濃度が、2015年には約400 ppmに増加している。ppm(parts per million)は体積百万分率を表す単位である。

- 日本では植物が葉を広げる春から夏にかけては、光合成が活発になるため、大気中の二酸化炭素濃度は減少する。また、森林は大気中の二酸化炭素を吸収するため、森林の伐採によって大気中の二酸化炭素濃度が増加すると考えられる。

- 雪や氷は太陽光を反射する性質があるため、極域の氷がとけると、地表が吸収する太陽放射エネルギーは増加する。

第6章

A☐❶ 20世紀に電子部品の洗浄や冷蔵庫の冷媒などに使用されていた炭素，フッ素，塩素などの化合物は何か。

B☐❷ 大気中に放出されたフロンは，太陽からの電磁波によって分解される。その電磁波とは何か。

A☐❸ フロンが紫外線を吸収することによって生じる原子は，オゾンを分解するはたらきがある。この原子は何か。

A☐❹ 図6-3は，南極昭和基地上空のオゾン量を示したものである。南極域の上空において，2020年10月に見られるようなオゾン濃度が極端に低い領域を何というか。

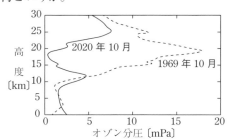

図6-3 南極昭和基地上空のオゾン分圧

B☐❼ 南極域の上空で，オゾン濃度が極端に低くなる南半球の季節はいつか。

C☐❽ 冬の南極域の成層圏で形成される雲を何というか。

C☐❾ 冬季の南極域において，上空から見て時計回りに流れる強い気流を何というか。

❶フロン

●大気中に放出されたフロンは，成層圏で太陽からの紫外線を受けると，分解して塩素原子が生じるものがある。この塩素原子は触媒としてはたらき，オゾンを連鎖的に破壊する。フロンは先進国では生産されなくなり，現在の大気中ではフロンの増加は止まっている。

❷紫外線

❸塩素原子

❹オゾンホール

●南極域の上空において，オゾン濃度が極端に低い領域をオゾンホールという。オゾンホールは南半球の春（9月〜10月）に現れる。

●冬季の極域には極成層圏雲という雲が形成される。この雲の表面では，化学反応によってできた塩素分子（Cl_2）が蓄積する。冬の極域には太陽光が当たらないが，春になると太陽からの紫外線が塩素分子に当たるようになり，塩素分子は分解して塩素原子（Cl）となる。こうして生じた塩素原子がオゾンを破壊して，オゾンホールが形成される。

❼春

❽極成層圏雲
（きょくせいそうけんうん）

❾極渦
（きょくうず）

第6章

テーマ 62 | 大気と海洋の相互作用

B☐❶ 通常時の赤道太平洋では，東部と西部のどちらのほうが海面水温が高いか。

B☐❷ 通常時の赤道太平洋上では，東部と西部のどちらで上昇気流が卓越しているか。

B☐❸ 通常時の赤道太平洋上では，東部と西部のどちらかのほうが気圧が高いか。

A☐❹ 数年に一度，赤道太平洋東部の海面水温が通常時よりも高くなる現象を何というか。

A☐❺ 数年に一度，赤道太平洋東部の海面水温が通常時よりも低くなる現象を何というか。

B☐❻ エルニーニョ現象発生時，赤道太平洋上の貿易風は，通常の年と比べてどのようになるか。

B☐❼ ペルー沖での深海からの海水の上昇は，通常時とエルニーニョ現象発生時ではどちらのほうが活発であるか。

B☐❽ エルニーニョ現象発生時，赤道太平洋西部での気圧は，通常の年と比べてどのようになるか。

C☐❾ 赤道太平洋の東部で気圧が上がると西部で気圧が下がり，東部で気圧が下がると西部で気圧が上がる。この現象を何というか。

C☐❿ エルニーニョ現象発生時，ペルー沖のカタクチイワシの漁獲量はどのように変化するか。

B☐⓫ エルニーニョ現象発生時，日本ではどのような冬になる傾向があるか。

B☐⓬ エルニーニョ現象発生時，日本ではどのような夏になる傾向があるか。

B☐⓭ 過去30年の気候に対して，気温や降水量が著しく偏る現象を何というか。

解 答

❶西部

❷西部

❸東部

❹エルニーニョ現象

❺ラニーニャ現象

❻弱くなる

❼通常時

❽高くなる

❾南方振動

❿減少する

⓫暖冬

⓬冷夏

⓭異常気象

解 説

● 通常時の赤道太平洋上では，貿易風が吹いており，暖かい海水を西部に運んでいる。このとき，東部では深海から冷たい水がわき上がってくるので，赤道太平洋の海面水温は西部で高く，東部で低い。

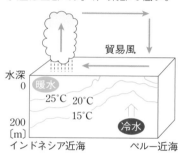

● 何らかの原因で赤道付近の貿易風が弱まると，暖かい海水が太平洋西部まで運ばれにくくなる。これに伴って，東部では深海からの冷たい海水がわき上がってこなくなる。このため，赤道太平洋東部の海面水温が通常よりも高くなる。これをエルニーニョ現象という。

● 深海からの冷たい海水には，プランクトンのえさとなる栄養塩類が含まれているため，冷たい海水が上昇してこなくなると，プランクトンをえさとする魚が減少し，漁獲量も減少する。

さくいん

蜷川　雅晴（にながわ　まさはる）

　代々木ゼミナール講師。福岡県太宰府市出身。東京大学大学院理学系研究科修士課程修了。

　授業ではやさしい語り口と図を多用した解説がていねいでわかりやすいと評判。親身で誠実な指導によって受講生から絶大な信頼を寄せられている。代々木ゼミナールでは本部校で授業を担当し、サテラインで全国に配信されている。また、夏期と冬期には四谷学院にも出講。共通テスト対策だけでなく、東大をはじめとする国公立大2次試験対策も指導している。さらに、模試やテキストなどの教材作成も務める実力派。

　著書に、『大学入学共通テスト　地学基礎の点数が面白いほどとれる本』（KADOKAWA）、『センター｜マーク基礎問題集　地学基礎』（代々木ライブラリー）などがあり、共著書に、『ねこねこ日本史でよくわかる　地球のふしぎ』（実業之日本社）、『Geoワールド　房総半島　楽しい地学の旅（Kindle版）』（mihorin企画）などがある。

だいがくごうかくしんしょ
大学合格新書

かいていばん　ちがくきそはや　　いちもんいっとう
改訂版　地学基礎早わかり　一問一答

2022年4月8日　初版発行

著者／蜷川　雅晴（にながわ　まさはる）

発行者／青柳　昌行

発行／株式会社KADOKAWA
〒102-8177　東京都千代田区富士見2-13-3
電話　0570-002-301（ナビダイヤル）

印刷所／大日本印刷株式会社

●お問い合わせ
https://www.kadokawa.co.jp/（「お問い合わせ」へお進みください）
※内容によっては、お答えできない場合があります。
※サポートは日本国内のみとさせていただきます。
※Japanese text only

定価はカバーに表示してあります。